Norbert Wendel

Grundstrukturen der Materie

Norbert Wendel

Grundstrukturen der Materie

Eine informationstheoretische Deutung von Licht und Materie

1. Auflage
Dezember 2003

© 2003 by Norbert Wendel

Alle Rechte vorbehalten

Herstellung und Verlag:
Books on Demand GmbH, Norderstedt

Printed in Germany

ISBN 3-8334-0651-8

Abstract

The present paper gives a survey of a new interpretation of light, matter, fields, and forces by means of information theory in which *bits* are regarded not only as the elementary units of information but as the elementary units of the physical universe, too. Physical energy is interpreted as a stream of moving bits, and particles are formed by circulating information streams. The various types of particles arise from different patterns of circulations. Physical properties like mass, electric charge, and color charge can be explained in a very plausible way in terms of simple properties of these circulations. In this way a logical explanation can be given for the existence and for the essential properties of the elementary particles of the standard model and of the proton and the neutron. Numerical values for the masses of the proton and the neutron are derived mathematically from their internal structures in perfect accordance with the empirical values. Moreover, gravitation and the electric force can be explained by means of information streams, too.

Inhalt

Abstract		**5**
1	**Einleitung**	**9**
2	**Die informationstheoretische Deutung von Licht und Materie**	**13**
2.1	Bits als „Urstoff" des Universums	13
2.2	Das Pixel-Modell des Universums	15
2.3	Der dreidimensionale Raum	18
2.4	Das System der Elementarteilchen	21
2.5	Bewegte Teilchen	27
2.6	Die Energien der Teilchen	29
2.7	Die Gravitation	31
2.8	Die elektrische Kraft	33
2.9	Synthese, Zerfall und Umwandlung von Teilchen	35
3	**Proton, Neutron und Wasserstoff-Atom**	**37**
3.1	Die Entstehung materieller Teilchen	37
3.2	Systeme erzeugen Masse	40
3.3	Massenverlust durch Bindung	42
3.4	Das System als neue Einheit	45
3.5	Das Proton und das Wasserstoff-Atom	47
3.6	Das Neutron	53
3.7	Der Durchmesser des Protons	56
3.8	Die Masse des Protons	58
3.9	Die Masse des Neutrons	68
3.10	Tabelle der numerischen Werte	76
Eingangsvermerk		79

1 Einleitung

Woraus besteht das Universum?

Diese Frage beschäftigt seit Jahrtausenden die Denker der Menschheit. Die physikalische Forschung des 20. Jahrhunderts ist zu verblüffenden Einsichten gelangt. Ernest Rutherfords Experimente zerstörten die Vorstellung von der Materie als einer „massiven Substanz" und ersetzten sie durch Atome, die fast nur aus leerem Raum bestehen. Die darin verteilten Elektronen haben sich seither in allen Experimenten als Punkte ohne jede messbare Ausdehnung erwiesen. Auch die Erforschung der Atomkerne weist in die gleiche Richtung: Die scheinbar so massive Materie löst sich bei genauerer Untersuchung auf in reine mathematische Strukturen. Paul Davies fasst die Quintessenz der physikalischen Forschung pointiert zusammen: „Die Welt, so scheint es, lässt sich mehr oder weniger aus strukturiertem Nichts aufbauen."[1]

Damit stellen sich die Fragen:
- Wie und warum entstehen aus dem „Nichts" die stabilen Teilchen der Materie?
- Warum haben sie Eigenschaften wie Masse, elektrische Ladung und Farbladungen?
- Warum nehmen sie ausgerechnet die Formen von Elektronen, Quarks, Protonen, Neutronen und diversen anderen Teilchen an?

---

[1] Davies, Paul. *Superforce*. London, 1984. S. 7

Bei der Beantwortung dieser Fragen scheitern bisher alle Teilchen- und Feldtheorien.

Zu Beginn des 20. Jahrhunderts entwickelte Albert Einstein einen Gedanken von großer Tragweite: Die Gravitationskraft entsteht nicht durch irgendwelche geheimnisvollen Objekte *im* Raum, sondern durch die *geometrische Struktur des Raumes selber* – das Gravitationsfeld ist die Krümmung des Raumes. Materielle Teilchen betrachtete Einstein als Verdichtungen des Feldes. Auf diese Weise suchte er auch die Materie auf die geometrische Struktur des Raumes zurückzuführen und so die Einheit hinter der Vielheit der physikalischen Erscheinungen aufzudecken.

Die modernen Quantenfeldtheorien haben Einsteins Ansatz aufgegeben, weil das Raumkontinuum als Träger der Feldwirkungen nicht mit der Quantentheorie vereinbar zu sein scheint. Die ersehnte Einheit aller Felder erscheint nun allenfalls noch in einem sehr frühen Entwicklungsstadium des Universums möglich, und eine Einheit der Materie hinter der Vielzahl von Teilchen ist zur Zeit überhaupt nicht in Sicht.

Die in diesem Buch entwickelte informationstheoretische Deutung von Feldern und Materie zeigt eine neue Möglichkeit auf, die Vielfalt der physikalischen Teilchen und Kräfte auf einheitliche Weise zu erklären. Sie verbindet Einsteins Grundidee mit einer These John A. Wheelers, dass die Informationseinheit Bit das Grundlegende der Realität ist und dass die Welt aus Logik geschaffen wird.

Wie schon bei Einstein, erweist sich auch hier wieder die Struktur des Raumes selber als Schlüssel zur Lösung der physikalischen Grundlagenproblematik. Diese Struktur bewirkt, dass Informationen zwischen den Raumpunkten übertragen werden. Informationsströme, durch den Raum wandernde Bits, sind in der informationstheoretischen Deutung der einheitliche „Urstoff", aus dem Materie und Felder entstehen.

Nach Einsteins Konzept sind materielle Teilchen Konzentrationen des Feldes. Solche Konzentrationen entstehen im Bit-Modell dadurch, dass die Informationen an einem Punkt des Raumes *zirkulieren*. Diese Zirkulationen beruhen darauf, dass der dreidimensionale Raum drei „Ebenen" hat, zwischen denen die Bits zirkulieren:

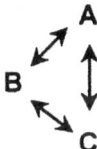

Dabei können die beiden Bewegungsrichtungen $A \to B$ und $B \to A$ jeweils für sich alleine oder auch gleichzeitig auftreten. Jede dieser drei Möglichkeiten lässt sich mit jeder der drei entsprechenden Übertragungsmöglichkeiten zwischen B und C sowie zwischen A und C kombinieren. Durch diese unterschiedlichen Kombinationen können verschiedene Formen der Informationszirkulation in dem Dreierzyklus ABC entstehen, die in ihren Eigenschaften genau den Elementarteilchen des Standardmodells entsprechen.

Die charakteristischen Eigenschaften physikalischer Teilchen wie Masse, elektrische Ladung und Farbladung lassen sich in einfacher Weise als mathematische Eigenschaften von Informationszirkulationen erklären. So entspricht beispielsweise das Vorzeichen der elektrischen Ladung dem Umlaufsinn der Zirkulation, die Masse ergibt sich aus einer naheliegend definierten Stärke des Informationsflusses, und die drei Informationsübertragungen $A \to B$, $B \to C$, $C \to A$ und ihre Umkehrungen bilden die drei Farbladungen und deren Komplementärfarben.

Teilchen sind stabile Informations-Zirkulationen an einer Stelle des Raumes. Mehrere kleine Teilchen können sich zu einem größeren Teilchen vereinigen, indem sich die Verbindungen, aus denen sie bestehen, zu komplexeren Netzen verknüpfen. In diesen Netzen entstehen größere Informationskreisläufe, welche die Einzelteile zu einer übergeordneten, in sich abgeschlossenen Einheit integrieren. Auf diese Weise lässt sich der Aufbau von Protonen, Neutronen und Atomkernen sehr gut beschreiben. Zerfälle und Teilchen-Umwandlungen lassen sich in diesem Modell als Umgruppierungen der Bauteile zu neuen Verbindungs-Mustern verstehen.

Aus der informationstheoretischen Deutung ergeben sich nicht nur logische Begründungen für viele bisher unerklärte Phänomene, sondern auch Formeln zur Berechnung der Massen des Elektrons, Protons und Neutrons, der Gravitationskonstante und aller anderen fundamentalen physikalischen Naturkonstanten. Die von der Theorie vorhergesagten Werte stimmen sehr genau mit den empirischen Messwerten überein.

2 Die informationstheoretische Deutung von Licht und Materie

2.1 Bits als „Urstoff" des Universums

Drei Grundfragen der Physik lauten:

- Was sind die kleinsten, elementaren Bausteine der Materie?
- Wie und warum werden aus ihnen Elektronen, Protonen, Neutronen und Atomkerne aufgebaut?
- Warum haben diese Teilchen die beobachteten Eigenschaften?

Die informationstheoretische Deutung der Materie bietet relativ einfache und plausible Antworten auf diese Fragen an. Sie gibt eine logische Begründung für die Existenz der Elementarteilchen des Standard-Modells und für deren wesentliche Eigenschaften wie Masse, elektrische Ladung, Farbladung, Stabilität oder Instabilität und für die Existenz von Anti-Teilchen. Darüber hinaus liefert sie Zahlenwerte für die Massen des Elektrons, Protons und Neutrons, die bis zu 10 Stellen genau mit den empirischen Werten übereinstimmen.

Die Grundthese des informationstheoretischen Modells lautet:
Das Universum besteht aus Bits. Die kleinsten Einheiten der Information sind zugleich auch die kleinsten Elemente der

physikalischen Welt. Licht und Materie werden als spezifische Strukturen von Informationsströmen gedeutet.

Hinter dieser These steht ein wissenschafts- und erkenntnistheoretischer Grundgedanke: Was immer die kleinsten Elemente der physikalischen Realität sein mögen – die kleinsten Elemente jedes *geistigen Modells* der physikalischen Welt müssen die kleinsten Einheiten des Geistes sein, die Informationseinheiten *Bit*.

Das Bit-Modell geht daher von der Informationseinheit Bit als Grundbaustein aus und baut aus Bits schrittweise komplexere Strukturen auf, deren Eigenschaften exakt den tatsächlich beobachteten Eigenschaften der physikalischen Teilchen entsprechen.

Da Bits logische Größen sind, wird ihr Verhalten von logischen Gesetzen bestimmt. Folglich beruht auch das Verhalten der aus Bits aufgebauten Strukturen auf logischen Gründen und somit auch das Verhalten der physikalischen Teilchen. Die Gesetze der Natur erweisen sich, einer These Immanuel Kants entsprechend, als Gesetze des Geistes.

Im 2. Teil dieses Buches werden die Grundgedanken der informationstheoretischen Erklärung für die Existenz und die Eigenschaften der Elementarteilchen kurz zusammengefasst. Für Einzelheiten der Begründungen und Berechnungen wird auf das Buch *Logische Grundlagen der Physik* verwiesen.[2]

Im 3. Teil wird der Aufbau des Protons und des Neutrons beschrieben, und ihre Massen werden berechnet.

---

[2] Wendel, Norbert. *Logische Grundlagen der Physik*. Frankfurt, 2000

2.2 Das Pixel-Modell des Universums

Die informationstheoretische Deutung der Materie geht von einem Pixel-Modell des Universums aus. Demnach setzt sich der physikalische Raum in ähnlicher Weise aus einzelnen Pixeln zusammen wie der Bildschirm eines Monitors oder Farbfernsehers. Dieser anschauliche Vergleich hat natürlich seine Grenzen:
1) Die Bildschirm-Pixel bilden ein zweidimensionales Muster, die Pixel des physikalischen Raumes hingegen ein dreidimensionales Würfel-Gitter.
2) Die Bildschirm-Pixel bestehen aus physikalischen Molekülen, die Raum-Pixel sind mathematische Punkte.
3) Die Bildschirm-Pixel können in verschiedenen Helligkeitsstufen aktiviert werden. Die Raum-Pixel hingegen haben nur zwei mögliche Zustände: *aktiviert* oder *nicht aktiviert*.

Ein Raum-Pixel ist *aktiviert*, wenn dort etwas existiert. Für jeden Raumpunkt besteht die logische Grund-Alternative: Entweder es existiert dort etwas oder es existiert dort nichts.

Die einzelnen Raumpunkte existieren nicht isoliert und unabhängig voneinander, sondern es bestehen Verbindungen zwischen ihnen. Diese Verbindungen beruhen darauf, dass Raum per definitionem ein System logischer Beziehungen ist. Diese logischen Beziehungen haben zwei entscheidende Konsequenzen:
1) Aktivierungen eines Pixels übertragen sich nach bestimmten Gesetzen auf andere Pixel.
2) Das Raumpixel-Gitter hat, ähnlich wie der Bildschirm eines Farbfernsehers, eine „Drei-Farben-Struktur". Der Bildschirm ist ein Raster aus roten, grünen und blauen Pixeln. Je ein rotes, grünes und blaues Pixel bilden eine zusammengehörige Einheit, den eigentlichen Bildpunkt. Das Auge des Betrachters nimmt nicht die einzelnen Pixel für sich alleine wahr, sondern nur das

Bildpunkt-Tripel als Ganzes, dessen Farbe sich aus den Aktivierungen seiner drei Komponenten zusammensetzt.
Analog verhält es sich mit den Raum-Pixeln. Auch hier gibt es drei Sorten, die wir mit ①, ② und ③ bezeichnen. Je ein Tripel ①②③ bildet eine zusammengehörige Einheit, den eigentlichen Raumpunkt. Der Grund für diese „Drei-Komponenten-Struktur" des Raumes wird in Kapitel 2.3 erläutert.

Wenn in solch einem Tripel eines der Pixel aktiviert wird, überträgt sich seine Aktivierung nacheinander auf die anderen beiden, wie in Abbildung 2.2.1 dargestellt.

<u>Abbildung 2.2.1</u>

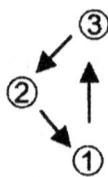

Dadurch entsteht ein stabiler Informations-Kreislauf. Die zirkulierenden Bits lassen die drei Pixel in zyklischem Wechsel „aufleuchten". Solch ein „leuchtender" Dreier-Zyklus ist ein *Elementarteilchen*.
Die Informationsströme zwischen den Raumpixeln sind das, was wir als physikalische *Energie* bezeichnen. Wenn der Informationsstrom in einem Zyklus zirkuliert, entsteht eine stabile Energiekonzentration, ein *Teilchen*. Die in einem Teilchen zirkulierende Energie wird als *Masse* bezeichnet.

Die Bildung von Teilchen beruht also auf der Übertragung von Informationen zwischen den Raumpixeln. Hier gibt es nun drei Typen von Beziehungen zwischen zwei Raumpixeln *a* und *b*:

1) Die positive Übertragung:
   $a \to b$ „Wenn a aktiviert ist, dann wird b aktiviert."
2) Die negative Übertragung:
   $\neg a \to \neg b$ „Wenn a nicht aktiviert ist, dann wird b nicht aktiviert."
3) Die doppelte (vollständige) Übertragung:
   $a \to b$ **und** $\neg a \to \neg b$
   Hierfür schreiben wir kurz:
   $a \Rightarrow b$

Die beiden einfachen Übertragungstypen leiten die Aktivierungs-Informationen zu anderen Pixeln des gleichen Tripels weiter. Nur die doppelte Übertragung $a \Rightarrow b$ bewirkt eine Bewegung zu einer anderen Stelle des Raumes. Dies wird verständlich, sobald man sich klarmacht, was „Bewegung durch den Raum" bedeutet.

Wenn wir sehen, wie Figuren sich über einen Bildschirm bewegen, so liegt das nicht daran, dass sich die leuchtenden Pixel selber bewegen. Was sich bewegt, sind die *Aktivierungen* der Pixel. Wenn ein leuchtender Punkt sich über den Bildschirm bewegt, geschieht folgendes:
- Ein Pixel a wird aktiviert.
- Die Aktivierung von a erlischt, und ein Nachbar-Pixel b wird aktiviert.
- Die Aktivierung von b erlischt, und ein Nachbar-Pixel c wird aktiviert.
- Und so weiter.

Eine Bewegung entsteht also durch eine Kette von Aktivierungs-Übertragungen, kombiniert mit Aktivierungs-Aufhebungen. Genau dies bewirkt die doppelte Übertragung $a \Rightarrow b$.

Analog verhält es sich mit den physikalischen Teilchen, die sich durch den Raum bewegen. Auch hier sind es die Aktivierungen von Raumpixeln, die durch den Raum wandern. Die Aktivierung – d. h.

die Tatsache, dass an diesem Raumpunkt etwas existiert – wird auf ein neues Pixel übertragen und gleichzeitig beim alten Pixel aufgehoben. *Was* dort existiert, das hängt von dem Muster ab, das die aktivierten Pixel formen. Diese Muster selber bleiben weitgehend stabil, weil sie aus geschlossenen Kreisläufen bestehen, die sich selbst reproduzieren.

2.3 Der dreidimensionale Raum

Warum bestehen die Punkte des dreidimensionalen Raumes aus drei Pixeln? Und warum bilden sich Aktivierungs-Zirkulationen zwischen diesen drei Pixeln?
Der dreidimensionale Raum ist nicht einfach nur eine Menge von Punkten, sondern ein System von Beziehungen zwischen diesen Punkten. Je zwei Punkte werden in den drei Dimensionen in Beziehung zueinander gesetzt: „links / rechts", „vor / hinter", „unter / über". Durch diese Beziehungen werden die einzelnen Raumpunkte zu einem Würfelgitter vernetzt.

Abbildung 2.3.1

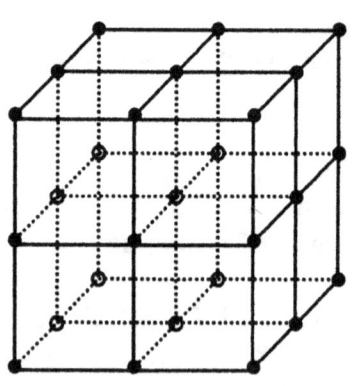

Man kann einen *Raum*punkt nicht denken, ohne den *Raum* mitzudenken, und Raum ist ein System von Beziehungen. Dieses System hat drei Ebenen:

Ebene ③: Würfelgitter
Was ist ein Raumpunkt?
Ein Raumpunkt ist ein Punkt des Würfelgitters.
Man kann einen Raumpunkt nicht denken, ohne das Würfelgitter des Raumes zu denken.

Ebene ②: Würfel
Was ist ein Würfelgitter?
Ein Würfelgitter ist ein System von Würfeln.
Man kann ein Würfelgitter nicht denken, ohne einen Würfel zu denken.

Ebene ①: Verbindungslinie
Was ist ein Würfel?
Ein Würfel ist ein System von Verbindungen zwischen Eckpunkten.
Man kann einen Würfel nicht denken, ohne die Verbindungen zwischen seinen Eckpunkten zu denken.

Hier schließt sich nun ein logischer Zyklus. Denn das Denken eines Eckpunktes führt automatisch zurück zur Ebene ③:

Ebene ③: Würfelgitter
Was ist ein Eckpunkt?
Ein Eckpunkt ist ein Raumpunkt, also ein Punkt des Würfelgitters.
Man kann einen Raumpunkt nicht denken, ohne das Würfelgitter des Raumes zu denken.

In der Existenz eines Raumpunktes sind logisch die Existenzen von

③ Würfelgitter
② Würfel
① Verbindungslinie

enthalten, und eine Aktivierung auf einer dieser Ebenen hat auch die Aktivierung auf den anderen beiden zur Folge. So entsteht ein logischer Aktivierungs-Zyklus. Eine einmal ausgelöste Aktivierung erzeugt einen stabilen zyklischen Informationsstrom – ein Elementarteilchen.

Abbildung 2.3.2

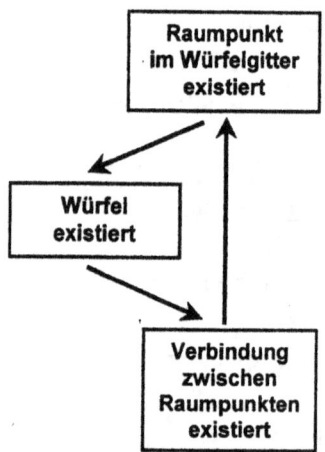

Der logische Umlaufsinn in diesem Zyklus ist die Zirkulationsrichtung ③→②→①→③. Denn aus der Existenz eines Würfelgitters folgt logisch die Existenz eines Würfels, aber nicht umgekehrt.

Die Aktivierung eines Raumpunktes führt also zur Aktivierung von Verbindungslinien zwischen Raumpunkten. Auf diese Weise können Aktivierungen auf andere Raumpunkte übertragen werden, und der gesamte Zyklus, das Teilchen, wandert durch den Raum.

2.4 Das System der Elementarteilchen

Die kleinsten Informationskreisläufe sind die Zyklen der Elementarteilchen. Je nachdem, durch welche der drei Beziehungs-Typen die drei Pixel des Zyklus miteinander verbunden sind, entstehen auch verschiedene Typen von Teilchen. In Abbildung 2.4.1 sind die 6 Möglichkeiten dargestellt, wie Informationen im Dreierzyklus eines Elementarteilchens zirkulieren können. Es können Aktivierungen zirkulieren (durch positive Verbindungen), oder es können Aktivierungs-Löschungen zirkulieren (durch negative Verbindungen). Wenn Aktivierungen zirkulieren, entsteht *Materie*; wenn Aktivierungs-Löschungen zirkulieren, entsteht *Anti-Materie*; und wenn beide zirkulieren, entsteht ein *immaterielles Teilchen*, das sich durch den Raum bewegt – ein *Photon*. Die Bits können dabei in zwei verschiedenen Richtungen umlaufen. Die eine Umlaufrichtung wird als positive *elektrische Ladung* bezeichnet, die andere als negative. Dabei sind die drei Zyklen in der rechten Spalte allerdings überflüssig. Denn die beiden Beziehungen

und
$$a \rightarrow b \quad \text{„Wenn } a \text{, dann } b\text{"}$$
$$\neg b \rightarrow \neg a \quad \text{„Wenn nicht } b \text{, dann nicht } a\text{"}$$

sind logisch äquivalent. Das sieht man sofort an dem Beispiel

„Wenn Waldi ein Dackel ist, dann ist Waldi ein Hund."
und
„Wenn Waldi kein Hund ist, dann ist Waldi kein Dackel."

Daher sind die Zyklen in der rechten Spalte von Abbildung 2.4.1 lediglich andere Formulierungen für die gleichen logischen Beziehungen zwischen den Pixeln wie in der linken Spalte.

Abbildung 2.4.1

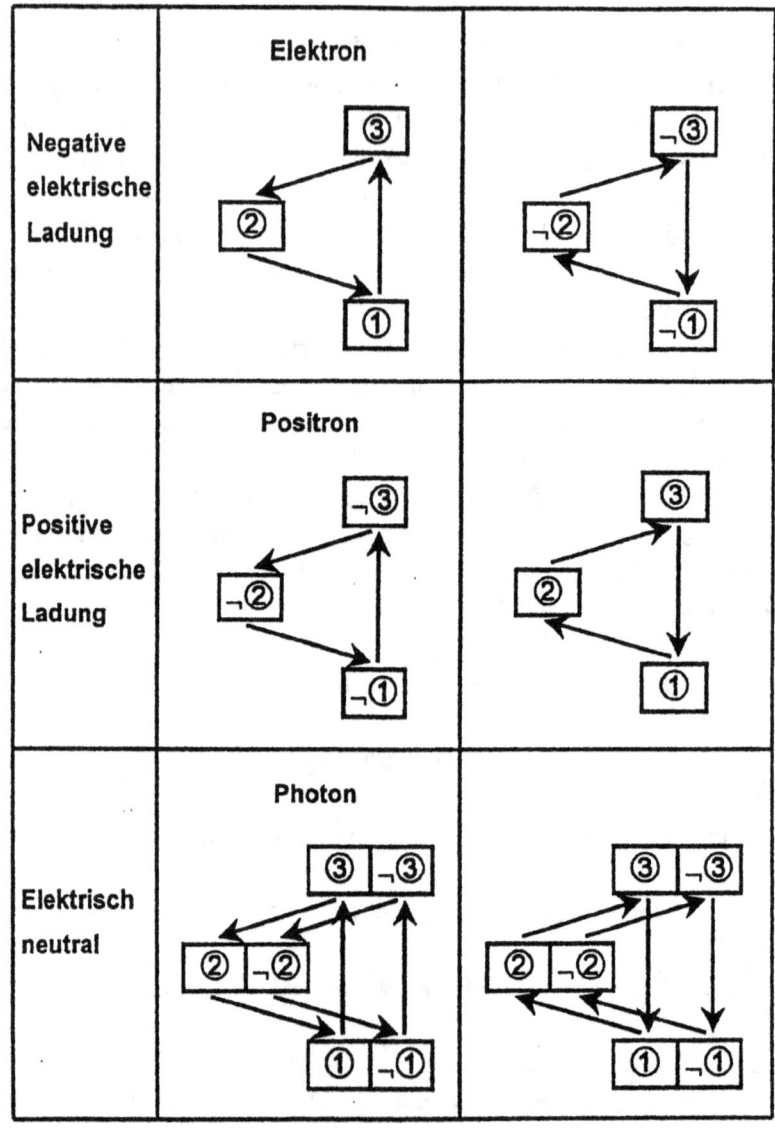

Die Abbildung 2.4.1 macht unmittelbar einsichtig, warum Elektronen und Positronen in Photonen, also in Licht, zerstrahlen, wenn sie zusammentreffen. Und weil Photonen Vereinigungen von Elektronen und Positronen sind, lassen sie sich auch wieder in diese beiden Teilzyklen aufspalten. So können aus Licht materielle Teilchen entstehen und umgekehrt.

Die informationstheoretische Deutung der Materie macht auch verständlich, warum zwar im Prinzip zu jedem Materie-Teilchen ein Anti-Teilchen existiert, die Welt aber nur aus Materie aufgebaut ist und nicht auch aus Anti-Materie. Zu jedem leuchtenden Muster auf einem Bildschirm gibt es ein entsprechendes „Negativ", bei dem die Hell-dunkel-Werte der einzelnen Pixel genau vertauscht sind. Genauso verhält es sich mit den Aktivierungs-Mustern im Raum. Doch die Welt ist schließlich aus Dingen aufgebaut, die existieren (also aus aktivierten, „leuchtenden" Pixeln) und nicht aus etwas Nicht-Existierendem (nicht-aktivierten, „dunklen" Pixeln).

Das Elektron besteht aus drei positiven Übertragungen, das Positron aus drei negativen Übertragungen und das Photon aus drei doppelten Übertragungen. Nun lassen sich beispielsweise auch noch Kombinationen aus einer positiven und zwei doppelten Übertragungen bilden wie in Abbildung 2.4.2 dargestellt.
Solch ein Zyklus ist ein Quark. In ihm können zwar Aktivierungen zirkulieren, doch die Übertragungen der Deaktivierungen bilden keinen sich selbst reproduzierenden Zyklus, wie er für ein stabiles Teilchen erforderlich wäre. Darum können Quarks nicht einzeln als selbständige Teilchen existieren, sondern nur im Verbund mit anderen Quarks, welche die fehlenden Verbindungen ergänzen. Eine Übersicht über die verschiedenen Quarks und über das gesamte System der Elementarteilchen gibt die Tabelle der Elementarteilchen am Ende dieses Kapitels.

Abbildung 2.4.2   **Down-Quark**

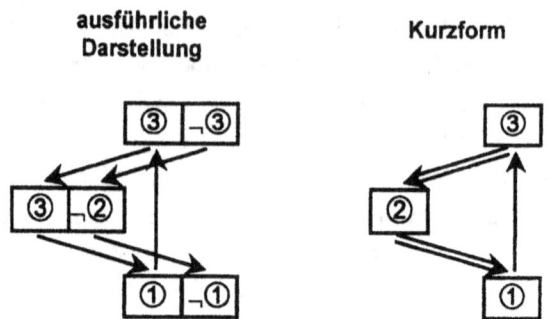

Die *Farbladungen* der Quarks erweisen sich in der informationstheoretischen Deutung als die Drittel der elektrischen Elementarladung. Wie in Abbildung 2.4.3 dargestellt, werden den drei Informationsbewegungen in der positiven Richtung ①→②→③→① die Farben Rot, Grün und Blau zugeordnet und den entgegengesetzten Bewegungen die jeweiligen Komplementärfarben Cyan, Magenta und Gelb. In einem vollständigen Dreierzyklus addieren sich die drei Farben zu Weiß, und auch in Doppel-Übertragungen ergibt die Summe der beiden Komplementärfarben Weiß.

Abbildung 2.4.3

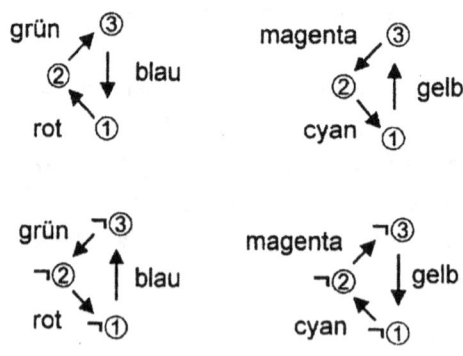

Im informationstheoretischen Modell wird auch verständlich, warum Elementarteilchen in drei verschieden schweren Versionen auftreten können. Die drei Pixel des Zyklus werden mit unterschiedlichen Frequenzen aktiviert, und je nachdem zu welchem Pixel man eine Verbindung herstellt, erhält man verschieden starke Informationsströme und somit verschiedene Massen.

Tabelle der Elementarteilchen

	Materie			Antimaterie		
Ladung	−1	+⅔	−⅓	0	+1	−⅔	+⅓

					Anti-Quarks	
	Elektron e^-	Up u	Down d	Photon φ	Positron e^+	Anti-up $\bar{u}$	Anti-down $\bar{d}$
	Myon μ^-	Charm c	Strange s	Neutrinos $\nu_e\ \bar{\nu}_e$ / $\nu_\mu\ \bar{\nu}_\mu$ / $\nu_\tau\ \bar{\nu}_\tau$	Anti-Myon μ^+	Anti-charm $\bar{c}$	Anti-strange $\bar{s}$
	Tau τ^-	Top t	Bottom b		Anti-Tau τ^+	Anti-top $\bar{t}$	Anti-bottom $\bar{b}$

Beginn des Zyklus bei:
- ①
- ②
- ③

2.5 Bewegte Teilchen

Der Informationskreislauf des Photons lässt sich mit einem Rad vergleichen, auf dessen Lauffläche drei Stellen mit ①, ② und ③ markiert sind. Wenn dieses Rad über den Bildschirm rollt, aktiviert es mit seinen Punkten ①,②,③ immer neue rote, grüne und blaue Pixel. In ähnlicher Weise übertragen die im Photon zirkulierenden Informationen die Aktivierungen zu immer neuen Raumpunkten. So läuft ein zeitlich und räumlich periodisches Muster von Aktivierungen durch den Raum, eine Aktivierungs-*Welle*.
Die Frequenz und Wellenlänge dieser Welle hängt vom Umfang des „Photonen-Rades" ab. Ein kleineres Rad erzeugt Aktivierungen in kürzeren zeitlichen und räumlichen Abständen. Wenn in der gleichen Zeit mehr Aktivierungen übertragen werden, bedeutet das einen stärkeren Informationsstrom. Solch ein stärkerer Informationsstrom entsteht, wenn zwei (oder mehr) Photonen sich zu einem einzigen vereinigen. Dies geschieht, wenn die Zyklen der Photonen von demselben Raumpixel ① ausgehen; dann addieren sich ihre Informationsströme.

Ein ähnlicher Vorgang ereignet sich, wenn die Aktivierungs-Zyklen eines Elektrons und eines Photons am gleichen Raumpunkt zusammentreffen. Dann überlagern sich die beiden Informationsströme, und die Informationsbewegungen im Elektron, die für sich alleine nur zu einer Zirkulation an einem festen Raumpunkt führen, erhalten eine zusätzliche Komponente in Richtung auf einen anderen Raumpunkt hin. Infolgedessen bewegt sich das Elektron durch den Raum. Darum bezeichnen wir solch ein Photon, das mit einem Elektron oder einem anderen Teilchen verbunden ist, als dessen *Bewegungsphoton*.

So beantwortet das informationstheoretische Modell also auch die Frage, wie und warum Elektronen Photonen absorbieren und emittieren.

Bei der Emission teilt sich der Informationsstrom des Bewegungsphotons in zwei Anteile, die in verschiedene Richtungen wandern. Nun können die einzelnen Bits sich aber nicht teilen, denn sie sind ja die kleinsten möglichen Informationseinheiten. Entweder es existiert etwas an einem Raumpunkt, oder es existiert nichts. Ein Bit kann daher nur ganz zu einem anderen Raumpixel übertragen werden oder gar nicht. Wenn also beispielsweise 2/5 der Aktivierungen des Pixels *a* auf *b* übertragen werden und 3/5 auf *c*, dann bedeutet das, dass die einzelnen Bits mit den *relativen Häufigkeiten* oder *Wahrscheinlichkeiten* 2/5 bzw. 3/5 auf *b* oder *c* übertragen werden. Dadurch erhalten die Prozesse der Informationsübertragung teilweise einen stochastischen Charakter. Ort und Zeitpunkt der einzelnen Aktivierungen werden durch die gesetzmäßigen Beziehungen nicht festgelegt, sondern nur das Verhalten größerer Gesamtheiten.

Wegen dieser Unbestimmtheiten streuen die Aktivierungen und somit die Aufenthaltsorte der Teilchen in einem gewissen Bereich. Bei Photonen und bewegten Teilchen liegt daher nicht mehr eine zeitliche und räumliche Periodizität der einzelnen Aktivierungen vor, sondern der Streuungsbereiche. So kommt es zu einer wellenförmigen Wahrscheinlichkeitsverteilung, wie die Quantenmechanik sie beschreibt.

Die Quanten-Effekte und der stochastische Charakter der Mikrophysik beruhen also auf der Quantelung der Informationen in unteilbare kleinste Informationseinheiten, die Unterscheidungen „ja oder nein", „Existenz oder Nicht-Existenz".

2.6 Die Energien der Teilchen

Die Energien der Teilchen hängen von der Stärke des in ihnen zirkulierenden Informationsstroms ab. Die Stärke des Informationsstroms von einem Pixel a zu einem anderen Pixel b ist das Produkt

$$I = f(a) \cdot P$$

aus den beiden Faktoren
- Häufigkeit $f(a)$, mit der das Ausgangspixel a aktiviert ist, und
- Wahrscheinlichkeit P, mit der eine Aktivierung von a auf b übertragen wird.

Je geringer die Übertragungswahrscheinlichkeit P ist, desto länger dauert es im Mittel, bis eine Aktivierung übertragen wird. Darum kann der reziproke Wert $D = 1/P$ auch als *Dauer* oder *Länge* der Übertragung betrachtet werden.

Die Massen der Elementarteilchen und der aus ihnen zusammengesetzten größeren Teilchen wie Proton und Neutron werden durch die Stärken der in ihnen zirkulierenden Informationsströme bestimmt. Diese wiederum ergeben sich aus den Aktivierungshäufigkeiten F_1, F_2, F_3 der drei Stationen ①, ②, ③ des Elementarteilchen-Zyklus und den Übertragungslängen p, q und $p \cdot q$ zwischen ihnen.

Abbildung 2.6.1

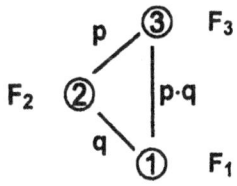

In dem geschlossenen Zyklus eines Elementarteilchens fließt der Informationsstrom wieder zur Ausgangsstation zurück. Die Übertragungsdauer ist daher eine Zykluslänge

$$\Lambda = p + q + p \cdot q,$$

und die Masse des Teilchens ergibt sich aus dem Betrag seines zyklischen Informationsflusses

$$I = F_n / \Lambda.$$

Dabei ist $F_n = F_1$ oder $F_n = F_2$ oder $F_n = F_3$, je nachdem, welche der drei Stationen als Anfangs- und Endpunkt des Zyklus fungiert. Die verschiedenen Zahlenwerte von F_1, F_2 und F_3 führen zu unterschiedlichen Massen bei den drei Teilchen-Generationen.

Die Zahlenwerte dieser Größen sind in der Tabelle der numerischen Werte (Kapitel 3.10) aufgeführt. Ausführlich begründet werden sie in *Wendel* (2000). Dort wird auch die Umrechnung der Informationsfluss-Einheiten in kg oder MeV besprochen.

Für die Berechnungen zum Proton und Neutron in diesem Buch spielen diese Umrechnungen keine Rolle. Hier ist es viel übersichtlicher, mit den dimensionslosen relativen Massen m/m_e (bezogen auf die Elektronenmasse m_e) zu arbeiten.

2.7 Die Gravitation

Bisher haben wir die einzelnen Teilchen isoliert für sich betrachtet und ihre Eigenschaften durch zyklische Informationsströme erklärt. Die einzelnen Teilchen existieren nun aber nicht beziehungslos nebeneinander her, sondern sie beeinflussen sich gegenseitig, und zwar über beliebige Entfernungen hinweg. Die Physik kennt zwei derartige Fernwirkungen: die Gravitation und die elektrische Kraft. Die elektrische Kraft wird durch den Austausch virtueller Photonen erklärt, wobei bisher aber offen blieb, *warum* bestimmte Teilchen überhaupt virtuelle Photonen miteinander austauschen und *was* virtuelle Photonen eigentlich sind. Für die Gravitation gab es bisher überhaupt keine befriedigende Erklärung. Auch für diese beiden Fernwirkungen bietet das informationstheoretische Modell nun eine einheitliche, relativ einfache Erklärung an.

Betrachten wir als Beispiel zwei Pixel a und b in einer gewissen Entfernung voneinander. a sei mit der Häufigkeit $f(a) = 1/2$ aktiviert, b mit $f(b) = 1/3$. Dann sind mit der Häufigkeit $f = f(a) \cdot f(b) = 1/6$ beide gleichzeitig aktiviert. Mit dieser Häufigkeit $f = 1/6$ gilt also:

(1) $a \rightarrow b$ „Wenn a aktiviert wird, dann wird auch b aktiviert."
und
(2) $b \rightarrow a$ „Wenn b aktiviert wird, dann wird auch a aktiviert."

Die Beziehungen (1) und (2) sind aber genau die Bedingungen, die Aktivierungs-Übertragungen zwischen a und b beschreiben. Das bedeutet: Auch wenn nicht „real" eine Aktivierung durch den Raum von a zu b wandert – es ist genau so, als ob dies geschähe. Denn auch wenn sich tatsächlich ein Photon durch den Raum von a zu b bewegt, werden ja keineswegs sämtliche Pixel auf der Verbindungsstrecke der Reihe nach aktiviert, sondern nur einige in gewissen Abständen, die der Zykluslänge bzw. Wellenlänge des Photons entsprechen. Und bei einer hinreichend großen Zykluslänge ist der Abstand zwischen zwei aufeinanderfolgenden Aktivierungen genau der Abstand zwischen *a* und *b*. Die periodische gleichzeitige Aktivierung von *a* und *b* entspricht genau dem Aktivierungsmuster einer stehenden Welle mit Schwingungsbäuchen bei *a* und *b*, und solch eine stehende Welle entsteht durch Überlagerung zweier gegenläufiger fortschreitender Wellen.

Wenn sich an den Raumpunkten *a* und *b* nun Photonen befinden, dann wird die Bewegung ihrer Aktivierungen nicht mehr nur durch ihre eigenen Wahrscheinlichkeitswellen bestimmt, sondern es überlagert sich zusätzlich noch die Wahrscheinlichkeitswelle der stehenden Welle zwischen *a* und *b*. Die Bewegungen der beiden Photonen erhalten zusätzliche Komponenten in Richtung aufeinander zu – sie „ziehen sich gegenseitig an".

Das gleiche gilt für materielle Teilchen. Denn von deren Ausgangspunkten gehen ja auch ihre Bewegungsphotonen aus. Je größer die Massen der Teilchen sind, desto häufiger werden die Pixel *a* und *b* aktiviert, und desto größer ist die Frequenz $f = f(a) \cdot f(b)$ ihrer gleichzeitigen Aktivierung und somit der stehenden Welle. Daher ist die Stärke der Gravitationskraft proportional zum Produkt der beiden Massen. Detaillierte Betrachtungen führen zu dem bekannten Gravitationsgesetz mit einer Proportionalitätskonstante, die genau mit dem empirischen Messwert übereinstimmt.

2.8 Die elektrische Kraft

Wenn sich an den Raumpunkten a und b elektrische Ladungen befinden, erzeugen deren gleichzeitige Aktivierungen zusätzliche Wechselwirkungen. Betrachten wir als Beispiel ein Elektron bei a und ein Positron bei b. Im Unterschied zum Doppelzyklus des Photons löst der einfache positive Übertragungszyklus des Elektrons nur positive Aktivierungen a aus und der negative Übertragungszyklus des Positrons nur negative Deaktivierungen $\neg b$. Hier entstehen also die verbindenden Beziehungen

(1) $a \to \neg b$ (was äquivalent ist zu   (1a) $b \to \neg a$)
(2) $\neg b \to a$ (was äquivalent ist zu   (1b) $\neg a \to b$).

Insgesamt liegen also wieder die Informationsübertragungen einer stehenden Photonen-Welle vor. Denn bei einer stehenden Welle schwingen zwei benachbarte Schwingungsbäuche stets gegenphasig.

Abbildung 2.8.1

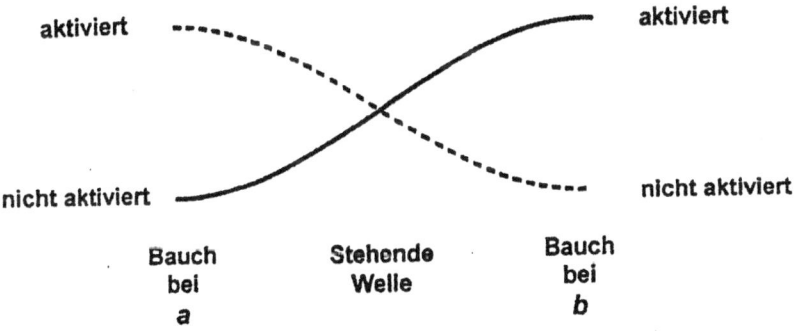

Diese Verbindungs-Photonen werden von dem Elektron und dem Positron gemeinsam neu erzeugt. Im Unterschied zur Gravitation handelt es sich hier nicht nur um zusätzliche Bewegungskomponenten bereits vorhandener Photonen, sondern um neu gebildete Photonen. Diese Verbindungs-Photonen werden dann vom Elektron und vom Positron absorbiert und addieren sich zu den bereits vorhandenen Bewegungsphotonen.

Betrachten wir nun zwei Elektronen an den Raumpunkten a und b.
Die gleichzeitige Aktivierung von a und b ist unvereinbar mit den gegenphasigen Schwingungen der beiden Schwingungsbäuche einer stehenden Photonen-Welle zwischen a und b. Während zwischen Elektron und Positron Photonen *erzeugt und absorbiert* werden, werden nun zwischen Elektron und Elektron Photonen *aufgehoben und emittiert*. So kommt es zu anziehenden elektrischen Kräften zwischen elektrischen Ladungen mit verschiedenen Vorzeichen und abstoßenden Kräften zwischen Ladungen mit gleichem Vorzeichen.

Weil bei der elektrischen Wechselwirkung vollständige neue Photonen absorbiert oder emittiert werden, ist diese Kraft wesentlich stärker als die Gravitationskraft. Auch der genaue Zahlenwert dieses Kräfteverhältnisses lässt sich begründen.[3]

---

[3] Siehe Wendel (2000), Kapitel 3.13 und 7.3

2.9 Synthese, Zerfall und Umwandlung von Teilchen

Die bisherigen physikalischen Modelle nehmen die Existenz zweier weiterer Kräfte mit sehr kurzer Reichweite an, um die Vorgänge bei der Synthese, dem Zerfall und der Umwandlung von Teilchen zu beschreiben. Auch diese „starke bzw. schwache Wechselwirkung" werden als Austausch von Teilchen gedeutet. Dadurch erweitert sich das System der Elementarteilchen noch um eine Vielzahl von Austausch-Teilchen mit recht komplizierten Eigenschaften, und ein logischer Grund für die Existenz all dieser Teilchen und ihrer Eigenschaften ist nicht zu erkennen.

Im informationstheoretischen Modell hingegen sind überhaupt keine zusätzlichen Kräfte zur Erklärung all dieser Vorgänge notwendig. Synthese, Zerfall und Umwandlung von Teilchen lassen sich sehr einfach verstehen als Zusammenbau, Zerlegung und Umgruppierung der kleinen Bausteine, aus denen Licht und Materie bestehen.

Wie wir bereits gesehen haben, gibt es *drei Typen von Grundbausteinen*, nämlich die drei Typen von Pixel-Verbindungen:

1. Baustein: $a \rightarrow b$ Übertragung von Aktivierungen
2. Baustein: $\neg a \rightarrow \neg b$ Übertragung von Nicht-Aktivierungen
3. Baustein: $a \Rightarrow b$ Übertragung von Aktivierungen und von Nicht-Aktivierungen

Der 3. Baustein $a \Rightarrow b$ ist schon kein eigentlicher Grundbaustein mehr, sondern eine Verbindung von je einem Baustein des ersten und des zweiten Typs.

Alle Elementarteilchen des Standard-Modells lassen sich als Kombinationen aus zwei bis drei Grundbausteinen verstehen, wie in Kapitel 2.4 gezeigt wurde. Hier wurde bereits klar, dass stabile

Teilchen durch die Bildung geschlossener Informationskreisläufe entstehen.

Nun können sich mehrere Elementarteilchen, die für sich alleine keine vollständigen Zyklen bilden, so miteinander verbinden, dass ihre Bausteine sich zu geschlossenen Zyklen ergänzen. Auf diese Weise entstehen größere Teilchen, insbesondere Protonen und Neutronen. Deren Aufbau wird im 3. Teil ausführlich dargestellt.

Es ist auch möglich, dass sich aus dem gleichen „Vorrat" von Bausteinen verschiedene Systeme von Zyklen zusammensetzen lassen. Solche Umgruppierungen von Bausteinen beobachten wir als Umwandlungen von Teilchen.

Wenn es an einem Raumpunkt verschiedene Möglichkeiten gibt, wie die Informationen weiterfließen können, dann wird die Auswahl zwischen diesen Alternativen durch Wahrscheinlichkeiten bestimmt (vgl. Kapitel 2.5). Dies ist der tiefere logische Grund, warum die Teilchen-Zerfälle und -Umwandlungen stochastischen Charakter haben und im Einzelfall nicht vorhersagbar sind.

3 Proton, Neutron und Wasserstoff-Atom

3.1 Die Entstehung materieller Teilchen

Die Elementarteilchen existieren nicht nur isoliert vor sich hin, sondern sie verbinden sich zu größeren Einheiten. Quarks können überhaupt nicht einzeln stabil existieren, weil weder ihre Ladungs-Informationsflüsse (durch einfache Verbindungen →) noch ihre räumlichen Informationsflüsse (durch Doppel-Verbindungen ⇒) geschlossene Kreisläufe bilden. Es können sich jedoch mehrere Quarks (und andere Elementarteilchen) so miteinander verbinden, dass geschlossene Kreisläufe entstehen. Auf diese Weise entstehen Protonen und Neutronen, die sich ihrerseits wieder zu Atomkernen verbinden können. Dieses Kapitel soll zunächst nur einen Überblick über die Grundgedanken vermitteln. Die Einzelheiten dieser Prozesse werden in späteren Kapiteln ausführlich dargestellt.

Die Synthese von Teilchen mit Ruhemasse

Teilchen sind geschlossene Informations-Kreisläufe. Ortsfeste Zyklen bilden Ruhemasse. Ein stabiles Teilchen entsteht, wenn sowohl die räumlichen Informationsflüsse als auch die Ladungs-Informationsflüsse in sich geschlossene Zyklen bilden.
Informationsbewegungen durch räumliche Verbindungen stellen eine Bewegung von einem Punkt A des Raumes zu einem anderen Punkt B dar. Wenn nun zwei (oder mehr) räumliche Verbindungen zu einem Zyklus hintereinandergeschaltet werden (Abbildung 3.1.1), dann bildet dieser Zyklus ein neues Teilchen. Die Informationen bewegen

sich zwar weiterhin durch den Raum, aber nur in dem Gebiet zwischen *A* und *B*. Der Zyklus als ganzer bewegt sich nicht. Er ist ortsfest und bildet Ruhemasse.

Abbildung 3.1.1

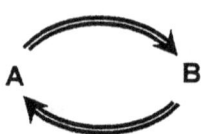

Protonen, Neutronen und Atomkerne als Systeme von geschlossenen Kreisläufen

Protonen, Neutronen und Atomkerne lassen sich in ihrer Grundstruktur als recht einfache Systeme von Zyklen verstehen.

Das *Proton* besteht aus vier Grundkomponenten (Abbildung 3.1.2):
(1) Eine *Quark-Kette*, zu der sich die räumlichen Informationsflüsse von drei Quarks verbinden.
(2) Der Zyklus einer *positiven Elementarladung*, zu dem sich drei einfache Verbindungen aus Quarks verbinden.
(3) Eine *Neutrino-Kette*, zu der sich einfache Verbindungen aus Quarks und einem Neutrino verbinden.
(4) *Photonen-Zyklen*, die Quarks miteinander verbinden.

Im freien *Neutron* tritt an die Stelle der positiven Elementarladung ein Photonen-Ring ((5) in Abbildung 3.1.3).

Abbildung 3.1.2	Abbildung 3.1.3
Die Grundstruktur des Protons	**Die Grundstruktur des Neutrons**

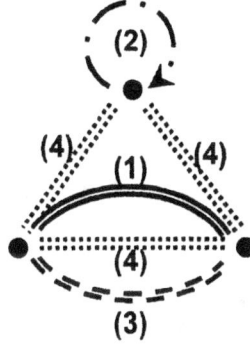
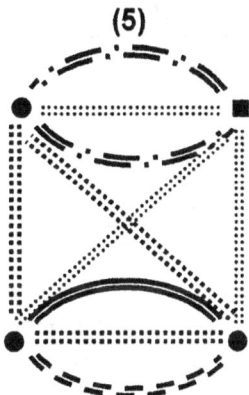

Die beschriebenen Bauteile vermitteln auch die Verbindungen der Nukleonen in *Atomkernen*. Die wichtigsten Bindungs-Mechanismen sind folgende:

1) Eine Neutrino-Kette fungiert als gemeinsamer Baustein von zwei Protonen oder zwei Neutronen gleichzeitig. Dadurch entfällt ihr Informationsfluss einmal, was zu einem Massen-Defizit und zu Bindungsenergie führt.

Diese „Verschmelzung" ist nur bei gleichartigen Partnern möglich, da die Informationsflüsse, die von den einzelnen Punkten ausgehen, beim Proton und beim Neutron unterschiedlich sind, wie schon aus den Abbildungen 3.1.2 und 3.1.3 ersichtlich ist. Dies führt zur Bevorzugung gerader Anzahlen von Protonen und Neutronen bei stabilen Nukliden.

2) Der zusätzliche Photonen-Zyklus des Neutrons wird in zwei Einzel-Photonen zerlegt, die lineare Verbindungen zu Nachbar-Protonen herstellen. Mit der Auflösung des Zyklus verschwindet

auch seine Ruhemasse, was zu Massen-Defizit und Bindungsenergie führt.
3) Zwischen den einzelnen Nukleonen bilden sich Photonen-Zyklen.

Die hier skizzierten Zusammenhänge werden nun im folgenden ausführlicher analysiert.

3.2 Systeme erzeugen Masse

Die Vereinigung mehrerer Teilchen zu einer größeren Einheit beruht auf einigen grundlegenden Mechanismen, die im folgenden kurz erläutert werden. Einige von ihnen erhöhen die Masse des Gesamtsystems, andere vermindern sie. Mit der ersten Kategorie befasst sich dieses Kapitel, mit der zweiten das nächste.

Das Ganze ist mehr als die Summe seiner Teile. Zu den Einzelteilen kommen noch die Beziehungen zwischen ihnen hinzu. Beziehungen bewirken Informationsübertragungen, Informationsflüsse sind Energie, und zyklische Informationsflüsse bilden Masse. Hierbei spielen im wesentlichen vier Effekte eine Rolle.

1. Paar-Beziehungen

Wie bereits im Kapitel über die Gravitation erläutert, übertragen gleichzeitig aktivierte Teilchen Informationen zueinander. Dies bewirkt eine Bewegung zum Partner-Teilchen hin, eine gegenseitige „Anziehung". Dem sind jedoch Grenzen gesetzt durch zwei Faktoren:
1) Aufgrund der Heisenbergschen Unschärferelation verteilen sich die Aktivierungen der Teilchen stets über einen gewissen

Raumbereich, der von ihren Wahrscheinlichkeits-Wellen bestimmt wird.
2) Es können sich nicht zwei gleichartige Teilchen gleichzeitig an derselben Stelle des Raumes befinden (ausgenommen Photonen). Beides verhindert eine weitere Bewegung der Teilchen aufeinander zu. Infolgedessen können die zum Partner-Teilchen hin gerichteten Informationsbewegungen nicht Bestandteil des Teilchens selber sein, sondern müssen als selbständige Photonen abgesondert werden, die sich zu dem Partner hin bewegen. Diese bilden einen ortsfesten, geschlossenen Informations-Kreislauf und somit Ruhemasse.

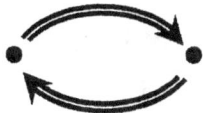

2. Übergeordnete Zyklen

Die korrelierte Emission von Austausch-Photonen zwischen den Paaren erzeugt ein übergeordnetes System von Verbindungen, das die einzelnen Teilchen in ein größeres Ganzes integriert. Wenn dieses System die Gestalt eines übergeordneten Zyklus annimmt, bildet es eine neue, in sich abgeschlossene stabile Einheit mit Masse: ein Teilchen.

3. Die Wellen der einzelnen Teilchen

Das übergeordnete System verbindet die einzelnen Teilchen zu einer stabilen Einheit. Es verhindert, dass die Teilchen das System verlassen, und hält sie an ihren Plätzen innerhalb des Systems fest. Das bedeutet: Die Aufenthaltsbereiche der Teilchen *ruhen* innerhalb des Systems. Die Wahrscheinlichkeits-Wellen werden zu *stehenden Wellen*. Eine stehende Welle erzeugt als ortsfester Informationsfluss

Ruhemasse. Denn die beiden gegenläufigen Wellen, aus deren Überlagerung die stehende Welle hervorgeht, bilden einen in sich geschlossenen, ortsfesten Informationskreislauf.

4. Die Welle des Gesamt-Teilchens

Das neue, übergeordnete Gesamt-Teilchen hat eine eigene Wahrscheinlichkeits-Welle, die seinen Aufenthaltsbereich beschreibt.

3.3 Massenverlust durch Bindung

Bei der Vereinigung mehrerer Teilchen zu einer größeren Einheit tritt regelmäßig das Phänomen des *Massen-Verlusts* und der *Bindungsenergie* auf: Das Gesamtsystem hat weniger Energie als die Summe seiner isolierten Teile. Es handelt sich hier im wesentlichen um drei Effekte, von denen zwei schon in Kapitel 3.1 erwähnt wurden.

1. Gemeinsame Nutzung von Informationsflüssen

Wenn die Zyklen zweier Teilchen A und B eine gleichartige Verbindung enthalten, kann diese in der Vereinigung der beiden Teilchen als gemeinsamer Baustein eingebaut werden. In die Energiebilanz des Gesamtsystems geht dieser Informationsfluss dann nur einfach ein.

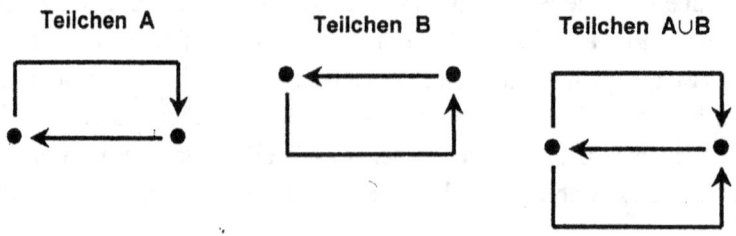

2. Aufbrechen von Zyklen

Freie Neutronen enthalten, wie wir sehen werden, einen „Photonen-Ring", das ist ein Zyklus aus zwei hintereinandergeschalteten Photonen. Er bildet einen ortsfesten Informationskreislauf und somit Ruhemasse. Im Atomkern kann dieser Ring aufgebrochen werden zu zwei einzelnen Photonen, die das Neutron mit Protonen verbinden. Deren Informationsströme bilden nun keinen ortsfesten Kreislauf mehr und somit keine Ruhemasse. Daher führt diese Form der Bindung zu einem Massenverlust.

3. Absonderung von Informationsfluss

Wir betrachten nun die in Abschnitt 3 des vorangehenden Kapitels beschriebenen Informationsbewegungen zwischen den Teilchen noch einmal genauer.

Das Teilchen A muss Informationen zum Partner-Teilchen übertragen, ohne sich selbst zu bewegen. Zusätzlicher Informationsstrom von der Quelle des Teilchens A aus (wie bei beweglichen Teilchen) ist aber nicht möglich. Das Teilchen muss also einen Teil seines eigenen Informationsflusses absondern, ein selbständiges Teilchen daraus machen, und dieses kann die Informationen dann zum anderen Teilchen B übertragen.

Informationsflüsse bei einem *beweglichen* Teilchen A:

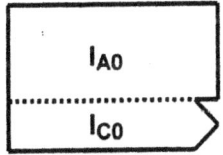

Effekt: Zwei Informationsströme I_A und I_C in einem bestimmten Verhältnis $\gamma = I_C/I_A$ (in der Zeichnung: $\gamma = 1/2$)

Bei *unbeweglichem* Teilchen A Abspaltung eines entsprechenden Anteils des eigenen Informationsflusses als selbständiges Teilchen:

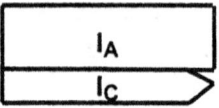

Infolgedessen reduziert sich der eigene Informationsfluss des Teilchens A von I_{A0} auf $I_A = \beta \cdot I_{A0}$ mit

$$\beta = \frac{I_{A0}}{I_{A0} + I_{C0}}$$

Der Beziehungs-Informationsfluss reduziert sich entsprechend um den gleichen Faktor β von I_{C0} auf $I_C = \beta \cdot I_{C0}$.

3.4 Das System als neue Einheit

Neben den bereits erläuterten System-Beziehungen gibt es noch einen weiteren wichtigen „Mechanismus", durch den Einzelteile zu einem neuen Ganzen vereinigt werden. Betrachten wir als Bespiel die Zusammenfassung von drei Quarks zu der neuen Einheit „Proton".
Die Dreierzyklen von Quarks, Photonen und anderen Elementarteilchen haben ja ihren Ursprung in der Tatsache, dass der Raum selber ein System ist, und zwar mit 3 Komplexitätsebenen:
(3) das Würfel-Gitter als System von Würfeln,
(2) Würfel als Systeme von Verbindungslinien,
(1) Verbindungslinien als Systeme von 2 Punkten.
Die drei Stationen ①, ②, ③ bezeichnen diese drei Ebenen eines Raumpunkts.
Die Abbildung 3.4.1 veranschaulicht noch einmal, wie mehrere Würfel und Verbindungen in einem gemeinsamen Raumgitterpunkt A zusammenlaufen.

Abbildung 3.4.1

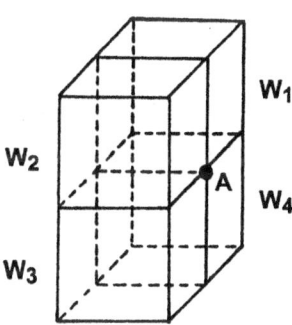

Dieses Zusammenlaufen in einem gemeinsamen Raumgitterpunkt vereinigt Elementarteilchen zu einer größeren Einheit, wie in Abbildung 3.4.2 dargestellt.

Abbildung 3.4.2

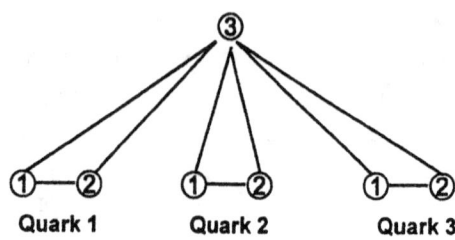

In größeren Systemen wie Atomkernen, aber auch schon in Protonen und Neutronen, kommt dieses Prinzip noch umfassender zur Anwendung: Die in Kapitel 3.2 beschriebenen System-Beziehungen werden durch Photonen vermittelt. Diese können unterschiedliche Wellenlängen und somit Reichweiten haben. Indem die Photonen, die die Struktur des Systems erzeugen, in einem gemeinsamen Punkt ③ zusammenlaufen, werden auch die einzelnen System-Beziehungen zu einer Einheit zusammengefasst.

3.5 Das Proton und das Wasserstoff-Atom

In der Abbildung 3.4.1 des vorangehenden Kapitels kann eine Aktivierung des Gitterpunktes A auf der Ebene ③ die Aktivierung von vier verschiedenen Würfeln W_1, ... , W_4 auf der Ebene ② auslösen. Dies kann zur Bildung von vier Photonen in vier verschiedenen Richtungen führen. Die Informationsströme dieser vier Photonen können sich zu einem größeren System verbinden, das durch den gemeinsamen Raumpunkt ③ zusammengefasst wird. Auf diese Weise entsteht ein materielles Teilchen.

Jedes Photon besteht aus drei Doppel-Verbindungen. In Abbildung 3.5.1 sind die vier Dreierzyklen aus diesen Doppel-Verbindungen schematisch dargestellt.

Abbildung 3.5.1: Vier Photonen mit gemeinsamem Raumpunkt ③

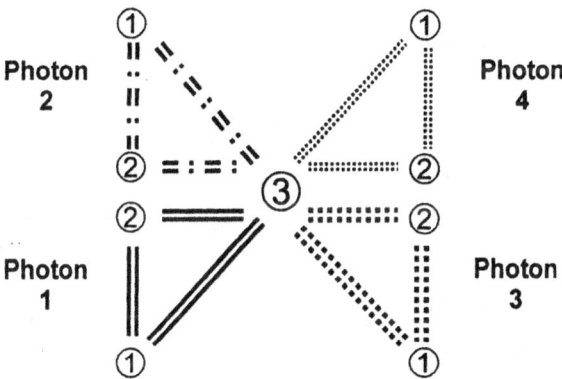

Dabei kann jede einfache Verbindung entweder als $a \rightarrow b$ oder als die logisch äquivalente Kontraposition $\neg b \rightarrow \neg a$ interpretiert werden. Die Doppel-Verbindung zwischen ① und ② bewirkt also vier mögliche

Informationsflüsse ①→②, ②→①, ¬①→¬② und ¬②→¬①, die sowohl einfache Verbindungen als auch Doppel-Verbindungen ①⇒② oder ¬②⇒¬① bilden können. Daher können die 4·3·2=24 Verbindungen aus Abbildung 3.5.1 nicht nur zu vier Photonen zusammengefasst werden, sondern auch zu anderen Kombinationen von Elementarteilchen. Solch ein System bildet aber nur dann ein stabiles Teilchen, wenn sowohl die räumlichen als auch die Ladungs-Informationsflüsse geschlossene Kreisläufe formen. Zwei derartige Muster sind das Proton und das Neutron. In diesem Kapitel wird gezeigt, wie das Proton und das Wasserstoff-Atom durch Umgruppierung der Informationsflüsse von vier korrelierten Photonen entstehen. Das Neutron folgt im anschließenden Kapitel.

Die Abbildung 3.5.2 zeigt die Umgruppierung der Informationsflüsse der vier Photonen aus Abbildung 3.5.1 zu einer neuen Struktur: dem Wasserstoff-Atom. Dieser Aufbau wird im folgenden erläutert.

Abbildung 3.5.2: Das Wasserstoff-Atom

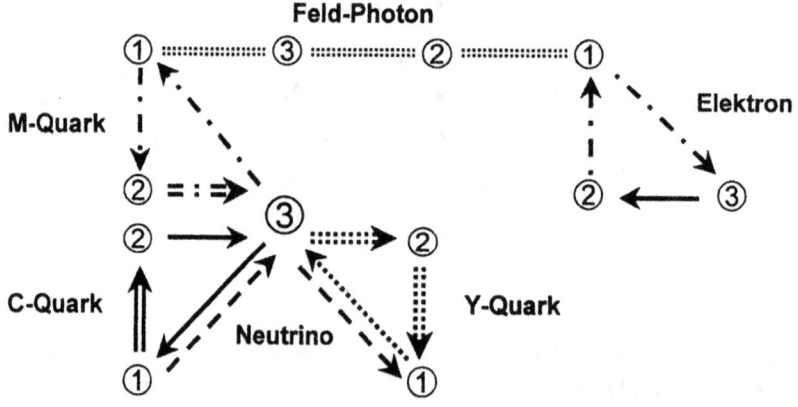

Zunächst wird aus den Informationsflüssen der ersten 3 Photonen je ein Quark gebildet, 2 Up-Quarks und 1 Down-Quark. Wir bezeichnen sie nach der Summe ihrer Farbladungen als cyan, magenta und gelb, meist kurz als C-Quark, M-Quark und Y-Quark. Das C-Quark enthält eine grüne Ladung ②→③ und eine blaue Ladung ③→①, die zusammen cyan ergeben. Die rote Ladung ①→② und die blaue Ladung ③→① des anderen Up-Quarks addieren sich zu magenta. Das Down-Quark trägt die gelbe Ladung ①→③.
Die Ausgangspunkte der 3 Quarks bezeichnen wir mit C, M und Y. Ihre drei Informationsflüsse werden durch den gemeinsamen Punkt ③ vereinigt.
Von dem „Ausgangsmaterial" der ersten 3 Photonen sind nun noch 5 einfache Verbindungen übrig. Drei von ihnen bilden ein Elektron, die anderen beiden ein Neutrino.
Die 3 Quarks und das Neutrino bilden zusammen das Proton. Das Elektron wird das Hüllen-Elektron des Wasserstoff-Atoms, und das vierte Photon verbindet als Austausch-Photon des elektrischen Feldes das Elektron mit der positiven Elementarladung des Protons, die in den 3 Quarks enthalten ist, wie wir gleich sehen werden.

Nun geschieht folgendes:
1) Die einzelnen Informationsströme der Bestandteile des Protons fügen sich zu größeren Kreisläufen zusammen.
2) Die Systemkonfiguration erzeugt zusätzliche Informationskreisläufe, welche die Bestandteile miteinander verbinden.

Zunächst die Einzelheiten des 1. Effekts:

1. Verkettungen der einzelnen Komponenten

Sowohl die räumlichen als auch die Ladungs-Informationsflüsse verketten sich jeweils zu einem geschlossenen Kreislauf. Diese

Struktur wird in Abbildung 3.5.3 deutlich. Sie besteht aus folgenden Modulen:

Abbildung 3.5.3: Die Ketten und Zyklen im Proton

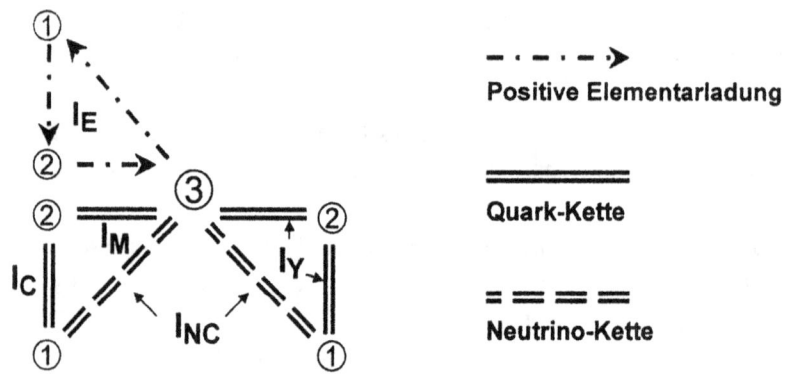

(In den Abbildungen 3.5.1 und 3.5.2 kennzeichnen die unterschiedlichen Linienarten die Zugehörigkeit zu den verschiedenen Elementarteilchen, in den Abbildungen 3.5.3 und 3.5.4 bringen sie die Zusammenfassungen zu größeren Ketten und Zyklen zum Ausdruck.)

1.1 Die Quark-Kette

Die räumlichen Doppel-Verbindungen der drei Quarks bilden eine Kette ①⇒②⇒③⇒②⇒①, die räumlich noch nicht in sich geschlossen ist.

1.2 Die Neutrino-Kette

Die beiden einfachen Verbindungen des Neutrinos ergänzen sich mit zwei einfachen Verbindungen des C-Quarks und des Y-Quarks zu einer Kette aus zwei Doppel-Verbindungen ①⇒③⇒①. Sie führt vom Ende der Quark-Kette zu deren Anfang zurück und schließt so den Kreislauf der räumlichen Informationsflüsse zu einem *Quark-Neutrino-Zyklus*.

1.3 Die positive Elementarladung

Die beiden einfachen Verbindungen des M-Quarks schließen sich mit einer einfachen Verbindung des C-Quarks zu dem geschlossenen Kreislauf einer positiven Elementarladung zusammen.

1.4 Double des Quark-Neutrino-Zyklus

Die Verbindungen, aus denen sich der Quark-Neutrino-Zyklus zusammensetzt, können auf zwei Weisen als Kombinationen von Quarks und Neutrinos interpretiert werden: zum einen so, wie in Abbildung 3.5.4a dargestellt, zum anderen aber auch genau „spiegelbildlich", wie es Abbildung 3.5.4b zeigt. Beide Informationsfluss-Systeme können sogar gleichzeitig in dem Verbindungs-System realisiert werden Denn jede Verbindung wird nie von beiden Informationsfluss-Richtungen gleichzeitig, sondern stets zeitversetzt durchlaufen.

Abbildung 3.5.4a   Abbildung 3.5.4 b

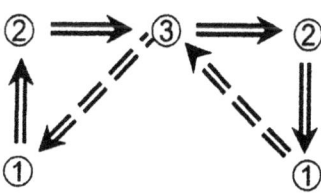 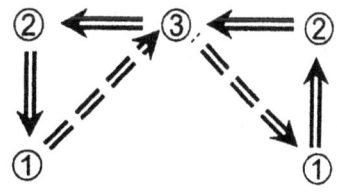

2. Die Systemkonfiguration

Die Beziehungen zwischen den drei Quarks erzeugen die in Kapitel 3.2 beschriebenen Eigen-Informationsflüsse des Systems:

2.1 Die Zyklen der Paar-Beziehungen zwischen je zwei Quarks

2.2 Der System-Zyklus

Die Austausch-Photonen der Paar-Beziehungen bilden zusammen ein zyklisches System von Verbindungen.

Abbildung 3.5.5: Der System-Zyklus

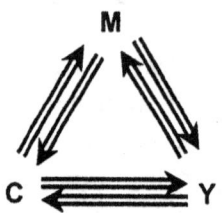

2.3 Die Wellen der einzelnen Quarks

2.4 Die Welle des Protons

Beim Proton fungiert der ①-Punkt des C-Quarks auch als ①-Punkt des Gesamt-Teilchens. Seine Position im Raum gibt daher die Position des Gesamt-Teilchens an und seine Bewegung die des Protons. Infolgedessen entspricht die Wahrscheinlichkeits-Welle des Protons der des C-Quarks.

Der gemeinsame Punkt ③ verbindet alle Komponenten des Protons zu einer Einheit.

3.6 Das Neutron

Wenn das Elektron und das Feld-Photon des Wasserstoff-Atoms in das Proton verlagert werden, entsteht das Neutron. In ihm werden einige Informationsflüsse neu kombiniert.

1.1 Vereinigung von positiver und negativer Elementarladung

Die negative Elementarladung des Elektrons vereinigt sich mit der positiven Elementarladung des Protons zu einem Photon (linker Zyklus in Abbildung 3.6.1).

Abbildung 3.6.1   Abbildung 3.6.2

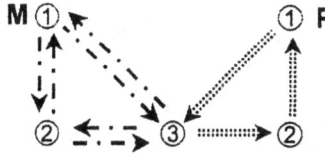 

1.2 Der Photonen-Ring

Dieses Photon verkettet sich mit dem ehemaligen Feld-Photon zu einem Photonen-Ring (Abbildung 3.6.2). Dieser ortsfeste Informationskreislauf bildet – im Unterschied zu einem einzelnen Photon – eine stehende Welle mit Ruhemasse.

Der Photonen-Ring hat zwei mögliche Ausgangspunkte: *P* und *M*. Durch den gemeinsamen Punkt ③ ist er mit dem Quark-Neutrino-Zyklus verbunden. So entsteht das Neutron (Abbildung 3.6.3).

Abbildung 3.6.3: Das Neutron

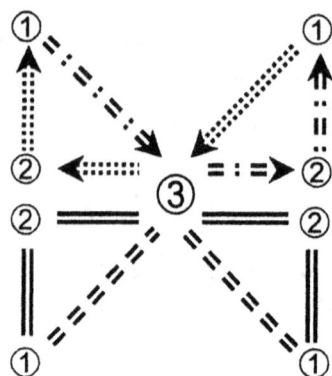

2.1   Die Paar-Beziehungen zwischen Quarks und Photonen-Ring

Zwischen jedem der drei Quarks und dem Ausgangspunkt P des Photonen-Rings besteht eine Paar-Beziehung mit ihrem zugehörigen Zyklus von Austausch-Photonen.

2.2   Die Welle der Photonen-Ring-Quelle P

Der von P ausgehende Photonen-Ring bildet neben den drei Quarks ein neues, viertes Teilchen innerhalb des Neutrons mit einer eigenen Welle.

2.3   Drei-Photonen-Ringe

Als Alternative zur Bildung des Photonen-Rings können die beiden Photonen auch zusammen mit dem Photon einer Paar-Beziehung zwischen zwei Quarks einen Dreier-Ring bilden (Abbildung 3.6.4).

Abbildung 3.6.4: 3-Photonen-Ring

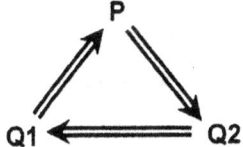

3. Die Instabilität des freien Neutrons

Im Unterschied zu den Informationsflüssen der Quark-Kette und der Neutrino-Kette sind die des Photonen-Rings nicht in einen größeren, umfassenden Zyklus eingebaut, sondern sie bilden einen in sich geschlossenen, selbständigen Zyklus, der lediglich durch den gemeinsamen Punkt ③ und ein paar System-Beziehungen an den anderen Zyklus angegliedert ist. Auch die stehende Welle der Photonen-Ring-Quelle P ist – anders als die der Quarks – nicht in einen größeren Zyklus integriert. Diese relative „Autarkie" hat zwei wichtige Konsequenzen:

1) Das Neutron kann zerfallen. Die Komponenten des Photonen-Rings können sich wieder neu kombinieren zu einem Elektron, einer an den Quark-Neutrino-Zyklus angeschlossenen positiven Elementarladung und einem verbindenden Feld-Photon. Die Energie der stehenden Welle der Photonen-Ring-Quelle entspricht im wesentlichen der eines Neutrinos, wie wir noch sehen werden. Auf diese Weise kann ein freies Elektron zerfallen in ein Proton, ein Elektron, ein verbindendes Feld-Photon und ein Neutrino.

2) Der Photonen-Ring kann sich aufspalten in zwei einzelne Photonen, die Verbindungen zu zwei Protonen herstellen. Auf diese Weise können Proton-Neutron-Ketten in Atomkernen gebildet werden.

3.7 Der Durchmesser des Protons

Das Proton entsteht durch den System-Zyklus, den die drei korrelierten Paar-Beziehungen zwischen je zwei Quarks bilden. Er hat die Gestalt eines gleichseitigen Dreiecks mit den Eckpunkten C, M und Y. Deren jeweiliger Abstand beträgt $\lambda_Q/2$. In dieser Konstellation befindet sich jedes Quark genau am Ende der Raumbereiche der anderen Quarks, was zur gemeinsamen Absonderung von Photonen und damit zur Paarbildung führt. Und durch die dreifache Paarbildung bildet sich der System-Zyklus des Protons.

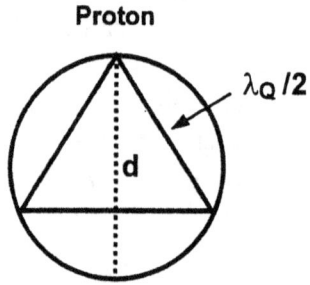

Für den Radius r des Umkreises eines gleichseitigen Dreiecks mit der Seitenlänge a gilt:

$$r = \frac{a}{\sqrt{3}}$$

Für den Durchmesser des Protons gilt daher:

$$d = 2 \cdot \frac{\lambda_Q/2}{\sqrt{3}} = \frac{\lambda_Q}{\sqrt{3}}$$

Die Wellenlänge λ_Q der Quark-Wellen ergibt sich aus der Zykluslänge Λ und der Aktivierungsfrequenz f_Q der Quarks nach der Gleichung: [4]

$$\lambda_Q = \Lambda / f_Q$$

Wie groß ist nun die Aktivierungsfrequenz f_Q der Quarks im Proton? Die Quelle ① im Elementarladungs-Zyklus kann nur die Frequenz F_1 haben.[5] Im Unterschied zu einem Elektron oder Positron ist die Elementarladung des Protons jedoch kein selbständiges Teilchen mit eigenen Quellen ①, ②, ③, sondern eine Zusammenfassung von drei Verbindungen zwischen Ausgangspunkten ①, ②, ③, die zu Quarks gehören. Die drei Quarks sind selbständige, voneinander unabhängig aktivierte Teilchen. Das Proton als Ganzes wird aktiviert, wenn das erste *und* das zweite *und* das dritte Quark aktiviert werden, also mit der Häufigkeit f_Q^3.

Mit dieser Frequenz werden alle Informationsfluss-Komponenten des Protons aktiviert, insbesondere auch der Elementarladungszyklus. Also muss $f_Q^3 = F_1$ sein. Daraus folgt

$$f_Q = \sqrt[3]{F_1} = \sqrt[3]{1{,}8346153 \cdot 10^{-5}} = 0{,}026374344$$

$$\lambda_Q = \frac{\Lambda}{f_Q} = \frac{3714{,}9925}{0{,}0263747} = 140856{,}2976 = 1{,}6876874 \cdot 10^{-15}\, m$$

Die Aktivierungen der Quarks im Proton verteilen sich also unscharf im Raumbereich einer Kugel mit dem Durchmesser

$$d = \frac{\lambda_Q}{\sqrt{3}} \approx 10^{-15}\, m$$

in Übereinstimmung mit den experimentellen Ergebnissen.

---

[4] Zur Begründung siehe Wendel (2000), Kapitel 6.4, Gleichung (1)

[5] Zur Begründung siehe Wendel (2000), Kapitel 5.3

3.8 Die Masse des Protons

1. Allgemeines

1.1 Relative Massen

In Kapitel 3.5 wurde der Aufbau des Protons aus seinen Komponenten dargestellt. In diesem Kapitel werden zunächst die Informationsflüsse der einzelnen Komponenten und dann des gesamten Protons berechnet. Wir entwickeln an dieser Stelle nur die Formeln zur Berechnung. Die numerischen Werte sind in Kapitel 3.10 übersichtlich zusammengestellt. Die Protonenmasse, die sich theoretisch aus den beschriebenen Strukturen ergibt, stimmt auf 10 Stellen genau mit dem empirischen Messwert überein. Die Abweichung liegt in der Größenordnung 10^{-7} m_e und ist damit wesentlich kleiner als die derzeitige (2003) Unsicherheit des Messwerts.

Masse ist zyklischer Informationsfluss. Wegen der Proportionalität zwischen Masse und Informationsfluss stehen die Massen zweier Teilchen im gleichen Verhältnis zueinander wie ihre Informationsflüsse. Für die Massen und Informationsflüsse des Protons und des Elektrons gilt daher:

$$\frac{m_p}{m_e} = \frac{I_p}{I_e}$$

Da die relative Masse eines Teilchens, bezogen auf die Elektronenmasse m_e als Einheit, nicht von der Wahl der Masseneinheit abhängt, ermitteln wir im folgenden die relativen Massen des Protons und seiner Komponenten.
Die relativen Energien, bezogen auf die Ruheenergie m_e des Elektrons, werden im folgenden mit dem Buchstaben R bezeichnet:

$$R = \frac{I}{I_e} = \frac{m}{m_e}$$

Das Elektron selber hat also die relative Masse $R_e=1$.

1.2 Die Informationsflüsse der einzelnen Verbindungen

Der Informationsfluss des Protons besteht aus den Informationsflüssen seiner Komponenten, die korreliert mit der Frequenz F_1 erzeugt werden. Die Informationsflüsse der einzelnen Verbindungen hängen von ihrer jeweiligen Übertragungsdauer ab.
Verbindungen zwischen ① und ② haben die Übertragungsdauer q, den Informationsfluss $I_{12} = F_1/q$ und somit den relativen Informationsfluss

$$R_{12} = \frac{I_{12}}{I_e} = \frac{F_1/q}{F_1/\Lambda} = \frac{\Lambda}{q}$$

Verbindungen zwischen ② und ③ haben die Übertragungsdauer p, den Informationsfluss $I_{23} = F_1/p$ und somit den relativen Informationsfluss

$$R_{23} = \frac{I_{23}}{I_e} = \frac{F_1/p}{F_1/\Lambda} = \frac{\Lambda}{p}$$

Verbindungen zwischen ① und ③ haben die Übertragungsdauer $p \cdot q$, den Informationsfluss $I_{13} = F_1/(p \cdot q)$ und somit den relativen Informationsfluss

$$R_{13} = \frac{I_{13}}{I_e} = \frac{F_1/(pq)}{F_1/\Lambda} = \frac{\Lambda}{pq}$$

Der Informationsfluss durch Doppelverbindungen ist jeweils doppelt so groß. Wegen der gleichzeitigen Realisation des Quark-Neutrino-Zyklus in zwei Richtungen verdoppeln sich die zugehörigen Informationsflüsse noch einmal; sie betragen dann jeweils $4 \cdot R_{12}$, $4 \cdot R_{23}$ bzw. $4 \cdot R_{13}$.

1.3 Wechselwirkungen zwischen den Informationsflüssen

Die Informationsflüsse der einzelnen Komponenten summieren sich nicht einfach, sondern sie beeinflussen sich auch gegenseitig. Von den drei Ausgangspunkten C, M und Y gehen nämlich nicht nur die Informationsflüsse des jeweiligen Quarks aus, sondern auch noch weitere Informationsflüsse, die auf den systembedingten Verbindungen zwischen den Quarks beruhen. Hier tritt nun der in Kapitel 3.2 und 3.3 beschriebene Effekt ein: Die räumlichen Beziehungen führen zur Absonderung von Photonen, und infolgedessen kommt es zu Reduktionen bei den beteiligten Informationsflüssen.

Wir ermitteln im folgenden zunächst die unreduzierten Einzel-Informationsflüsse und kennzeichnen sie durch einen zusätzlichen Index $_0$. Anschließend betrachten wir ihr Zusammenspiel.

2. Die Informationsflüsse der einzelnen Komponenten

2.1 Die Quark-Kette

Der Informationsfluss des *C-Quarks* beträgt:
$$R_{C0} = 4 \cdot R_{12}$$

Der Informationsfluss des *M-Quarks* beträgt:
$$R_{M0} = 4 \cdot R_{23}$$

Die beiden eindimensionalen räumlichen Komponenten des *Y-Quarks* summieren sich innerhalb des Elementarteilchens vektoriell zu einem einzigen zweidimensionalen Informationsfluss:

$$R_{Y0} = \sqrt{(4 \cdot R_{23})^2 + (4 \cdot R_{13})^2}$$

2.2 Die Neutrino-Kette
Sie hat den Informationsfluss
$$R_{NC} = 4 \cdot 2 \cdot R_{13}$$

2.3 Die positive Elementarladung
Ihr Informationsfluss entspricht dem des Elektrons:
$$R_E = R_e = 1$$

3. Die systembedingten Informationsflüsse

3.1 Die Zyklen der Paar-Beziehungen zwischen je zwei Quarks

Jedes Quark ist mit der Häufigkeit f_Q aktiviert. Je zwei Quarks Q_1, Q_2 sind also mit der Häufigkeit f_Q^2 gleichzeitig aktiviert. Mit dieser Häufigkeit entstehen Austausch-Photonen zwischen ihnen. Die Paar-Beziehung erzeugt somit zwischen je zwei Quarks den Informationsfluss

$$I_{2Q} = f_Q^2 \cdot I_e$$
$$R_{2Q} = f_Q^2$$

Denn die Austausch-Photonen bilden einen Zyklus der Länge 2Λ, und diese Verdoppelung der Länge halbiert den Photonen-Informationsfluss, der bei einer linearen Doppelverbindung der Länge Λ den Betrag $f_Q^2 \cdot 2 \cdot I_e$ hätte.

Dieser Zyklus hat mit gleicher Häufigkeit 1/2 seinen Ausgangspunkt bei Q_1 oder Q_2.

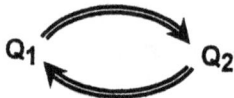

3.2 Der System-Zyklus

Mit der Häufigkeit $f_Q^3 = F_1$ sind alle 3 Quarks gleichzeitig aktiviert. Dann sind auch alle 3 Wellen der Paar-Beziehungen gleichzeitig durch Photonen realisiert. Durch die Verkettung dieser 3 stehenden Wellen entsteht eine große Ringwelle, die alle 3 Quarks miteinander verbindet.

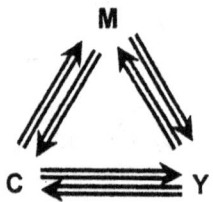

Voraussetzung für solch eine Verkettung ist allerdings, dass die 3 Paar-Beziehungs-Zyklen ihre Ausgangspunkte entweder alle „links"

oder alle „rechts" haben. Wenn z. B. C der Ausgangspunkt des Zyklus zwischen C und M ist, dann muss M wiederum der Ausgangspunkt des Zyklus zwischen M und Y sein und Y der des Zyklus zwischen Y und C. Die Wahrscheinlichkeiten für „alle links" und „alle rechts" betragen jeweils $(1/2)^3 = 1/8$. Mit der Wahrscheinlichkeit $P = 2 \cdot (1/8) \cdot F_1$ entsteht also ein Verbindungssystem, das eine große Ringwelle produziert. Mit ihr entsteht der Informationsfluss

$$I = \frac{1}{4} \cdot F_1 \cdot 3 \cdot 2 \cdot \frac{1}{2\Lambda} = \frac{3}{4} \cdot \frac{F_1}{\Lambda} = \frac{3}{4} \cdot I_e$$

Denn sie besteht aus 3 zyklischen Doppel-Verbindungen der Länge 2Λ. Folglich entsteht durch den großen System-Zyklus an jeder der 3 Quellen C, M und Y der relative Informationsfluss:

$$R_{3Q} = \frac{1}{3} \cdot \frac{I}{I_e} = \frac{1}{4}$$

3.3 Die Wellen der einzelnen Quarks

Die Wellen der Quarks haben nach Kapitel 3.7 die Wellenlänge λ_Q. Zu ihnen gehören Photonen mit der Frequenz f_Q und dem Informationsfluss $I = f_Q \cdot 2 \cdot I_e$. Dieser Informationsfluss halbiert sich jedoch. Denn die stehenden Wellen der Quarks entstehen durch Überlagerung zweier gegenläufiger Wellen, und die Photonen dieser Wellen bilden einen Zyklus der Länge $2 \cdot \Lambda$ (der Informationsfluss muss ja vom Ausgangspunkt ① des Quarks ausgehen und zu ihm zurückführen), und die Verdopplung der Länge halbiert den Informationsfluss. Das ergibt den relativen Informationsfluss

$$R_{QW} = f_Q$$

3.4 Die Welle des Protons

Wie in Kapitel 3.5 Abschnitt 2.4 dargelegt, entspricht der Informationsfluss der Proton-Welle dem der C-Quark-Welle, also:

$$R_{pW} = f_Q.$$

4. Die Wechselwirkungen zwischen den einzelnen Informationsflüssen

4.1 Überblick

Von den Ausgangspunkten C, M und Y der 3 Quarks gehen nicht nur deren eigene Informationsflüsse aus, sondern auch die systembedingten Informationsübertragungen zu anderen Stellen des Raumes. Diese führen zu der in Kapitel 3.3 Abschnitt 3 beschriebenen Reduktion: Jeder räumliche Informationsfluss R_0, der von einem dieser Punkte ausgeht, reduziert sich um einen Faktor

$$\beta = \frac{R_0}{R_{sum}}$$

zu

$$R = \beta \cdot R_0.$$

Dabei ist R_{sum} die Summe die Summe aller von dem betrachteten Punkt ausgehenden (unreduzierten) Informationsflüsse.

Von jedem der Ausgangspunkte C, M und Y der 3 Quarks gehen die folgenden drei systembedingten reduzierenden Informationsflüsse aus:

$$R_{2Q} = f_Q^2 \quad \text{(Paar-Beziehung)}$$
$$R_{3Q} = 1/4 \quad \text{(System-Zyklus)}$$
$$R_{QW} = f_Q \quad \text{(Quark-Welle)}$$

Ihre Summe bezeichnen wir mit $R_{\text{sys p}}$. (Der Index p unterscheidet die Informationsflüsse im Proton von den entsprechenden im Neutron.)

$$R_{\text{sys p}} = R_{2Q} + R_{3Q} + R_{QW} = f_Q^2 + 1/4 + f_Q$$

Der Informationsfluss R_{pW} der Welle des Protons gehört nicht den einzelnen Quarks an, sondern dem Proton als ganzem. Er geht daher von dem Punkt C aus, der als ①-Punkt des Gesamt-Protons fungiert, und geht nur dort in die Summe der systembedingten Informationsflüsse ein.

Wir berechnen nun der Reihe nach die durch ihre Wechselwirkung reduzierten Informationsflüsse und summieren sie anschließend zur Gesamtmasse des Protons.

4.2 Reduktion beim C-Quark

Vom Ausgangspunkt C des C-Quarks geht neben dessen eigenem Informationsfluss R_{C0} und den systembedingten Informationsflüssen $R_{\text{sys p}}$ und R_{pW} noch ein weiterer Informationsfluss aus. Von C gehen nämlich auch noch die Verbindungen der Neutrino-Kette aus. Aktivierungen von C lösen daher auch Informationsübertragungen durch die Neutrino-Kette aus. Infolgedessen beträgt der gesamte von C ausgehende Informationsfluss

$$R_{C \text{ sum p}} = R_{C0} + R_{\text{sys p}} + R_{pW} + R_{NC}$$

Das ergibt den Reduktionsfaktor

$$\beta_{Cp} = \frac{R_{C0}}{R_{C\,sum\,p}}$$

Der von C aus in die Neutrino-Kette fließende Informationsfluss ist allerdings nicht zyklisch. Daher bildet er keine Masse und geht nicht in die Massen-Bilanz des Protons ein.
Der gesamte von C ausgehende massenbildende Informationsfluss beträgt also im Endeffekt

$$R_{Cp} = \beta_{Cp} \cdot (R_{C0} + R_{sys\,p} + R_{pW})$$

4.3 Reduktion beim M-Quark und Y-Quark

Die Summe der unreduzierten Informationsflüsse, die vom Ausgangspunkt M des M-Quarks ausgehen, beträgt:

$$R_{M\,sum\,p} = R_{M0} + R_{sys\,p}$$

Das ergibt den Reduktionsfaktor

$$\beta_{Mp} = \frac{R_{M0}}{R_{M\,sum\,p}}$$

Der gesamte von M ausgehende massenbildende Informationsfluss beträgt also im Endeffekt

$$R_{Mp} = \beta_{Mp} \cdot R_{M\,sum\,p} = R_{M0}$$

Analog verhält es sich beim Y-Quark. Die entsprechenden Definitionen wie beim M-Quark führen zu dem Ergebnis

$$R_{Yp} = R_{Y0}$$

4.5. Der Informationsfluss des Protons

Die Summe aller räumlichen massebildenden Informationsflüsse des Protons setzt sich zusammen aus denen, die von den drei Quarks ausgehen, plus dem der Neutrino-Kette (die in diesem Zusammenhang Teil des Quark-Neutrino-Zyklus ist):

$$R_{p\ sum} = R_{Cp} + R_{Mp} + R_{Yp} + R_{NC}$$

Der Informationsflussvektor der positiven Elementarladung verläuft in der zu den räumlichen Dimensionen orthogonalen Ladungs-Dimension. Daher addiert er sich vektoriell zum räumlichen Informationsfluss:

$$R_{p\ cyc} = \sqrt{R_{p\ sum}^2 + R_E^2} = \sqrt{R_{p\ sum}^2 + 1}$$

Nicht dieser gesamte zyklische Informationsfluss des Protons bildet Ruhemasse, sondern ein Teil äußert sich auch als räumliche Rotationsbewegung. Dieser Effekt wird in Wendel (2000) für das Elektron besprochen.[6] An die Stelle des Faktors Λ beim Elektron tritt nun beim Proton der Faktor λ_Q. Dem Faktor

$$\eta = 1 - \frac{1}{\pi \cdot \Lambda}$$

der beim Elektron den Anteil der Ruhemasse am gesamten zyklischen Informationsfluss angibt, entspricht beim Proton der Faktor

$$\eta_p = 1 - \frac{1}{\pi \cdot \lambda_Q}$$

---

[6] (S. Fußnote 2 auf S. 12) Dort in Kapitel 5.7.

Die Ruhemasse des Protons beträgt somit

$$R_p = R_{p\,cyc} \cdot \eta_p$$

Das Ergebnis lautet somit:

$$m_p = R_p \cdot m_e = 1836{,}1526680 \cdot m_e$$

Die Abweichung vom empirischen Messwert ($1836{,}1526675 \cdot m_e$) beträgt $+\,5 \cdot 10^{-7} \cdot m_e$ und ist damit wesentlich kleiner als dessen Unsicherheit $\pm\,3{,}9 \cdot 10^{-6} \cdot m_e$.

3.9 Die Masse des Neutrons

1. Die Informationsflüsse der einzelnen Komponenten

1.1 Übereinstimmungen mit dem Proton

Der Quark-Neutrino-Zyklus des Neutrons ist identisch mit dem des Protons. Die *unreduzierten* Informationsflüsse der einzelnen Komponenten stimmen daher mit denen des Protons überein. Wegen der unterschiedlichen systembedingten Informationsflüsse unterscheiden sich jedoch die reduzierten Informationsflüsse.

1.2 Photonen-Ring statt Elementarladung

Es entfällt die positive Elementarladung des Protons, dafür kommt der Photonen-Ring als neue Einzelkomponente hinzu.

Der Zyklus aus zwei hintereinandergeschalteten Photonen hat die Länge $2 \cdot \Lambda$ und den Informationsfluss

$$I = 2 \cdot \frac{F_1}{2 \cdot \Lambda} = \frac{F_1}{\Lambda} = I_e$$

Da sowohl die Aktivierungen von P als auch die von M Informationsfluss durch den Zyklus auslösen, entsteht insgesamt der doppelte Informationsfluss, also $I_{PhR} = 2 \cdot I_e$, und somit:

$$R_{PhR} = 2$$

(Beide Quellen können zwar nicht gleichzeitig als Ausgangspunkte fungieren, aber dies ereignet sich nur mit der vernachlässigbaren Häufigkeit $F_1^2 < 10^{-9}$.)

Abbildung 3.9.1

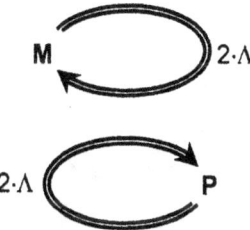

2. Die systembedingten Informationsflüsse

2.1 Die Paar-Beziehungen zwischen Quarks und Photonen-Ring

Jedes Quark ist mit der Häufigkeit f_Q aktiviert, die Photonen-Ring-Quelle P mit der Häufigkeit F_1, beide zusammen also mit der

Häufigkeit $f_Q \cdot F_1$. Das führt zwischen P und jedem Quark zu dem Informationsfluss $R = f_Q \cdot F_1$, der jeweils zur Hälfte

$$R_{2PQ} = \tfrac{1}{2} \cdot f_Q F_1$$

von P und seinem Partner-Quark ausgeht.

2.2 Die Welle des Photonen-Rings

Die Ankopplung des Photonen-Rings mit seinem zusätzlichen Ausgangspunkt P erweitert das Proton auch räumlich. Es wird ein Raumbereich hinzugefügt, der den neuen Ausgangspunkt mit dem Bereich des Protons verbindet. Die Ankopplung erfolgt durch die ①–③–①–Verbindung zwischen den ①-Punkten des Photonen-Rings und dem gemeinsamen Punkt ③. Diese Verbindung hat die Länge $2pq$. Dem entspricht eine Wahrscheinlichkeits-Welle mit der Wellenlänge $\lambda = 4pq$, der Frequenz

$$f = \frac{\Lambda}{\lambda} = \frac{\Lambda}{4pq}$$

und dem Informationsfluss $I = f \cdot 2 \cdot I_e$, also

$$R = \frac{\Lambda}{2pq}$$

Zu den Zeitpunkten, an denen M als Ausgangspunkt des Photonen-Rings fungiert, liegt der Ausgangspunkt mit Sicherheit nicht bei P. Dann besteht der zusätzliche Aufenthaltsbereich nicht, und der Informationsfluss seiner Welle ist aufgehoben. Dies ereignet sich dann, wenn M und ③ gleichzeitig aktiviert sind, also mit der Häufigkeit $f_Q \cdot F_3$. Der Informationsfluss der Wahrscheinlichkeits-Welle des Photonen-Rings beträgt also im Endeffekt

$$R_{PhRW} = \frac{\Lambda}{2pq} \cdot (1 - f_Q F_3)$$

2.3 Die 3-Photonen-Ringe

Wenn beispielsweise C und M gleichzeitig aktiv sind (was sich mit der Häufigkeit f_Q^2 ereignet), bildet sich zwischen ihnen der Photonen-Zyklus ihrer Paar-Beziehung. Dann entstehen die beiden in Abbildung 3.9.2 dargestellten Zyklen. Sowohl von C als auch von M fließt der Informationsfluss $R = 1$ durch die Doppelverbindung der Länge 2Λ über P zu dem anderen Quark.

Abbildung 3.9.2: 3-Photonen-Ringe

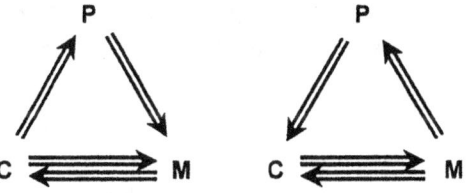

Mit der gleichen Häufigkeit f_Q^2 bilden sich 3-Photonen-Ringe auf der Basis von M und Y sowie auf der Basis von C und Y, die jeweils wieder bei jedem der beiden Quarks den Informationsfluss $R = 1$ hervorrufen. Insgesamt entsteht auf diese Weise bei jedem der 3 Quarks der Informationsfluss

$$R = 2 \cdot f_Q^2$$

Hierbei ist allerdings noch nicht berücksichtigt, dass diese 3-Photonen-Ringe *nicht* entstehen können, wenn gleichzeitig der Photonen-Ring realisiert ist, was mit der Häufigkeit $2 \cdot F_1$ der Fall ist. Berücksichtigt man dies, so ergibt sich aufgrund der 3-Photonen-Ringe bei jedem Quark der Informationsfluss

$$R_{3PhR} = 2 \cdot (f_Q^2 - F_1)$$

3. Die Wechselwirkungen zwischen den einzelnen Informationsflüssen

Die beiden Ausgangspunkte P und M des Photonen-Rings werden durch die Systemkonfiguration festgehalten, doch der Photonen-Ring selber kann sich zwischen ihnen bewegen. Darum bewirkt der Informationsfluss R_{PhRW} seiner Welle keine Reduktion.

Die *Summe der systembedingten reduzierenden Informationsflüsse*, die von den Ausgangspunkten der 3 Quarks ausgehen, wird folglich – gegenüber dem Proton – noch um die folgenden Summanden erweitert:

$R_{2PQ} = \frac{1}{2} \cdot f_Q F_1$ (Paar-Beziehung Photonen-Ring/Quark)
$R_{3PhR} = 2 \cdot (f_Q^2 - F_1)$ (3-Photonen-Ring)

Die Summe beträgt nun beim Neutron:

$$R_{sys\,n} = R_{sys\,p} + R_{2PQ} + R_{3PhR}$$
$$= f_Q + f_Q^2 + \tfrac{1}{4} + \tfrac{1}{2} \cdot f_Q F_1 + 2 \cdot (f_Q^2 - F_1)$$

Für das *C-Quark* gilt:

$$R_{C\,sum\,n} = R_{C0} + R_{sys\,n} + R_{pW} + R_{NC}$$

$$\beta_{Cn} = \frac{R_{C0}}{R_{C\,sum\,n}}$$

$$R_{Cn} = \beta_{Cn} \cdot (R_{C0} + R_{sys\,n} + R_{pW})$$

Für das <u>M-Quark</u> gilt:

$$R_{M\,sum\,n} = R_{M0} + R_{sys\,n}$$

$$\beta_{Mn} = \frac{R_{M0}}{R_{M\,sum\,n}}$$

$$R_{Mn} = \beta_{Mn} \cdot R_{M\,sum\,n} + R_{PhR}/2 = R_{M0} + 1$$

Denn bei M befindet sich mit der Häufigkeit ½ auch der Ausgangspunkt des Photonen-Rings. Dieser ist jedoch ein selbständiges Teilchen. Sein Informationsfluss muss daher nicht von dem des M-Quarks abgezweigt werden und bewirkt keine Reduktion.

Für das <u>Y-Quark</u> gilt:

$$R_{Y\,sum\,n} = R_{Y0} + R_{sys\,n}$$

$$\beta_{Yn} = \frac{R_{Y0}}{R_{Y\,sum\,n}}$$

$$R_{Yn} = \beta_{Yn} \cdot R_{Y\,sum\,n} = R_{Y0}$$

Vom *Ausgangspunkt P des Photonen-Rings* gehen zwei reduzierende Informationsflüsse aus:

1) der Photonen-Ring selber (mit der Häufigkeit 1/2),
2) die Paar-Beziehungen zwischen P und den 3 Quarks.

$$R_{Ph\ sum} = R_{PhR}/2 + 3 \cdot R_{2PQ} = 1 + 3 \cdot f_Q \cdot F_1/2$$

Das ergibt den Reduktionsfaktor

$$\beta_{Ph} = \frac{1}{R_{Ph\ sum}}$$

und den von P ausgehenden Informationsfluss

$$R_{Ph} = \beta_{Ph} \cdot R_{Ph\ sum} + R_{PhRW}$$

Die *Summe aller massebildenden Informationsflüsse* des Neutrons beträgt:

$$R_{n\ sum} = R_{Cn} + R_{Mn} + R_{Yn} + R_{NC} + R_{Ph}$$

Da die Addition der Elementarladung entfällt, ergibt sich die *Ruhemasse des Neutrons* aus

$$R_n = R_{p\ sum} \cdot \eta_p$$

Das Ergebnis lautet somit:

$$m_n = R_n \cdot m_e = 1838{,}6836534 \cdot m_e$$

Die Abweichung vom empirischen Messwert ($1838{,}6836549 \cdot m_e$) beträgt $-0{,}0000015 \cdot m_e$ und ist damit kleiner als dessen Unsicherheit $\pm 0{,}0000040 \cdot m_e$.

3.10 Tabelle der numerischen Werte

Symbol	Definition	Zahlenwert
Allgemeine Größen		
delta	delta E (empirisch)	0,0551297
p	16*(1+delta)	16,8820760
q	196*(1+delta)	206,8054308
pq	p*q	3491,3049967
Lambda	p+q+pq	3714,9925035
F0	3*Wurzel(3)/3348	0,0015520
F3	F0 + 1/16	0,0640520
F2	F3/p	0,0037941
F1	F2/q	0,0000183
fQ	3.Wurzel(F1)	0,0263743
lambda Q	Lambda / fQ	140856,2975508
fQ ^2	fQ ^2	0,0006956
pi	pi	3,1415927
eta	1 - 1/(pi*Lambda)	0,9999143
eta p	1 - 1/(pi*lambda Q)	0,9999977
R 12	Lambda / q	17,9637086
R 23	Lambda / p	220,0554308
R 13	Lambda / pq	1,0640699

Symbol	Definition	Zahlenwert
Proton		
R C0	4 * R12	71,8548345
R M0	4 * R23	880,2217232
R Y0	W(RM0^2+RC0^2)	883,1497038
R NC	8 * R13	8,5125591
R 2Q	fQ ^2	0,0006956
R 3Q	1/4	0,2500000
R QW	fQ	0,0263743
R pW	fQ	0,0263743
R sys p	R2Q+R3Q+RQW	0,2770700
R C sum p	RC0+Rsysp+RpW+RNC	80,6708379
beta Cp	R C0 / R C sum p	0,8907164
R Cp	betaCp*(RC0+Rsysp+RpW)	64,2725590
R M sum p	R M0 + R sys p	880,4987932
beta Mp	R M0 / R M sum p	0,9996853
R Mp	R M0	880,2217232
R Y sum p	R Y0 + R sys p	883,4267737
beta Yp	R Y0 / R Y sum p	0,9996864
R Yp	R Y0	883,1497038
R p sum	RCp+RMp+RYp+RNC	1836,1565450
R p cyc	W(R p sum ^2 +1)	1836,1568173
R p	R p cyc * eta p	1836,1526680
mp/me emp		1836,1526674
mp/me theor-emp		0,0000005

Symbol	Definition	Zahlenwert
Neutron		
R PhR	2	2,0000000
R PhRW	(1-fQ*F3)*L / 2pq	0,5311362
R 3PhR	2 * (fQ ^2 - F1)	0,0013545
R 2PQ	fQ*F1 / 2	0,0000002
R sys n	Rsysp+R3PhR+R2PQ	0,2784247
R C sum n	RC0+Rsysn+RpW+RNC	80,6721927
beta Cn	R C0 / R C sum n	0,8907014
R Cn	betaCn*(RC0+Rsysn+RpW)	64,2726863
R M sum n	R M0 + R sys n	880,5001479
beta Mn	R M0 / R M sum n	0,9996838
R Mn	R M0 + 1	881,2217232
R Y sum n	R Y0 + R sys n	883,4281285
beta Yn	R Y0 / R Y sum n	0,9996848
R Yn	R Y0	883,1497038
R Ph sum	RPhR/2+3*R2PQ	1,0000007
beta Ph	1 / R Ph sum	0,9999993
R Ph	betaPh*Rphsum+RPhRW	1,5311362
R n sum	RCn+RMn+RYn+RNC+RPh	1838,6878085
R n	R n sum * eta p	1838,6836534
mn/me emp		1838,6836549
mn/me theor-emp		-0,0000015

Eingangsvermerk

Die Druckvorlage zu diesem Buch ist am 23. Dezember 2003 bei *Books on Demand* eingegangen

www.ingramcontent.com/pod-product-compliance
Lightning Source LLC
Chambersburg PA
CBHW071201240526
45470CB00017B/931